新一代的自衛隊員，他們肩負的任務與責任比過去的前輩都還要多。
（US DoD）

陸上自衛隊支援水災任務。 （防衛省）

陸上自衛隊訓練強度愈加增強，現在與美軍的交流也更為增加。　（防衛省）

陸上自衛隊 90 式戰車開放民眾試乘。　（防衛省）

海上自衛隊是日本與美軍較常交流的部隊。　（US DoD）

海上自衛隊的最強大戰力就是掃雷與反潛。　（防衛省）

海上自衛隊現在擁有包含直升機護衛艦在內的強大艦隊。　　　　（防衛省）

海上自衛隊的潛艦部隊，分別是親潮級與後方的蒼龍級。　　　　（防衛省）

航空自衛隊兩型主力戰機，日製的 F-2 和三菱授權製造的 F-15J。（防衛省）

航空自衛隊已經從洛克希德馬丁接過第一架的 F-35A 匿蹤戰鬥機。（防衛省）

航空自衛隊的 RF-4E 偵照機。　（防衛省）

日本川崎重工製造，僅供航空自衛隊使用的 C-1 運輸機。　（防衛省）

自衛隊派遣在國外執行的 PKO 任務。（防衛省）

身著沙漠迷彩的自衛隊員在非洲執行反海盜任務。（防衛省）

自衛隊特有的災害派遣，經歷多次的經驗後，現在已經應對自如。（防衛省）

海自 LCAC，自衛隊的裝備都可以作為災害派遣的載具。　　　（防衛省）

自衛隊史

日本防衛政策七十年

自衛隊史：防衛政策の七〇年

佐道 明廣——著　　趙翊達——譯

目錄

前言

日本國民眼中的自衛隊

二〇一四年是自衛隊創立的六十週年。以人類的壽命來說，便是「花甲之年」。自衛隊前身警察預備隊創設於一九五〇年，至二〇一五年滿六十五年。帝國陸海軍創立於一八七二年（明治五年），至一九四五年因戰敗而解體，共七十三年的歷史。帝國陸海軍創立後的六十五年，也就是一九三七年，中日戰爭爆發。當時，軍方是左右國家政策極具影響力之存在。

自衛隊又是如何呢？自衛隊在文人領軍的原則下被嚴格限制涉入政治，幾乎沒有日本國民擔心自衛隊會發動政變。最近的民調顯示，有百分之九十二・二的人對自衛隊有「良好印象」，有「不好印象」的人僅僅百分之八・四（二〇一五年一月內閣府「關於自衛隊與防衛問題的民意調查」）。我們可以篤定地說，自衛隊對日本國民來說已是不可或缺的存在。

但若說自衛隊從一開始就被國民廣為接受，則事實絕非如此。事實上，從自衛隊創建起便承受著「違反憲法」的批判，於戰後和平主義中忍辱負重並且成長茁壯至今。過去也有一種對「自衛官」的存在抱有否定感的思潮。例如諾貝爾文學獎得主大江健三郎曾說：「在此的論述都充分地表現出我的政治立場。我一直認為防衛大學學生之於我們這個時代的年輕人是一根芒刺、一種恥辱。而我想推動的，就是讓年輕人再也不去報考防衛大學。」（《每日新聞》晚報，一九八五年六月二十五日）

並非只有大江健三郎如此認為。本書也會提到，日本曾經發生對自衛隊員及其家屬進行等同於侵害人權的行為。這種今昔之別意味著，社會風氣對於自衛隊的態度已大幅轉變。如今，以「國防男子」、「國防女子」為名的自衛官寫真集成為熱門話題；以自衛隊為題材的連續劇於黃金時段播放並創造了高收視率等等，這在過去是無法想像的。

但是，自衛隊廣泛地為國民接受，並不能代表國民對自衛隊有更多的理解。針對集體自衛權與《安全保障法制》，從國會與媒體上那種混亂的討論中也能看出，日本在國家安全相關議題的探討上有著許多令人感到不解的情況。即使媒體報導自衛隊的次數增加了，但自衛隊的實情仍有許多不為人所知之處。

在二〇〇三年的內閣府民意調查報告中，有項對自衛隊印象的提問（目前已無此提問），其中也有關於自衛隊實情的選項。根據該民調，竟有百分之三十七．九的民眾回答「不太清楚自衛隊的實情」（參考圖一）。雖然是距今十年以上的調查，但和現在的情況應該沒有太大差異。

為何最當初稱為「自衛隊」而非「國防軍」呢？為何要在和平憲法下成立自衛隊這種只會讓人聯想到軍隊的組織呢？自衛隊與其他國家的軍隊有何差別呢？自衛隊能替日本的國防完成何種任務呢？本書的課題即是一邊追溯歷史軌跡，同時審視這些問題。

四個觀點

與自衛隊逐漸為國民所接受的情況一樣，若以歷史的角度檢視自衛隊以及日本的國家安全政策，可發現其中巨大的變化，即日本社會已容許出動自衛隊。國民擴大支持自衛隊的理由之一，乃是阪神大地震、東日本大地震等災害發生時自衛隊的救災行動。甚至，當初最多人反對的國際和平行動，如今則受到高度肯定。這些行動提高了國民之間對於自衛隊的「良好印象」；但是在過去，一般認為除了災害支援與部份的民生合作

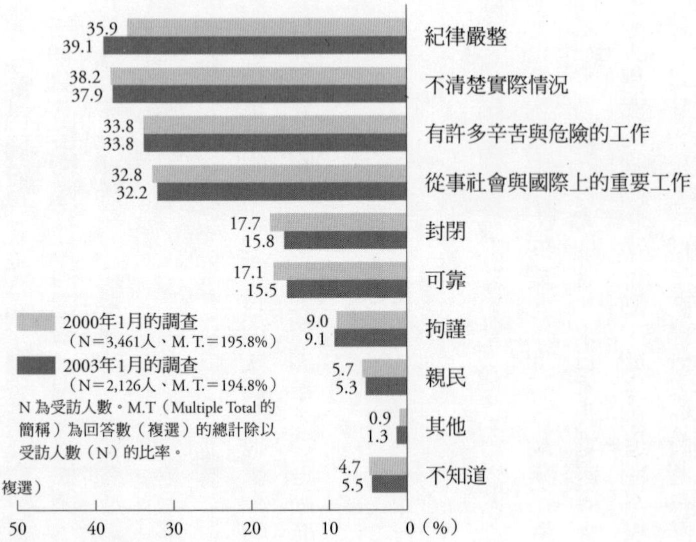

圖 1　對自衛隊的印象
（內閣府「自衛隊‧國防問題民意調查」2003 年 1 月）

之外，最好盡量不要動用自衛隊。這是受到戰後和平主義氛圍極大影響之故。因此除了與自衛隊相關的政治觀點外，本書亦試圖納入輿論與一般議論的趨勢來做說明。閱讀時需特別留意下述的問題。

首先是自衛隊與戰後和平主義的關係。我會在本文的部分說明，在此先簡述之。日本和平主義的主流，可視為「非軍事」或是「反軍事」。一九五〇年代到六〇年代有著強大影響力的「中立論」，雖是以憲法第九條為基礎，但其內涵是非武裝中立，並不是瑞士那種高度武裝中立。此一論點為日本最大在野黨所主張。環顧第二次世界大戰後的國際社會後可發現，此主張乃日本所特有的現象。儘管聯合國肯定為了自衛所進行的戰爭，但這種主張認為所有的戰爭、以及進行戰爭的軍隊本身都是一種罪惡。

但事實上，鮮少有人談及戰後的和平主義其實有兩個方向。也就是以非軍事為根本的主流思潮，以及以協助聯合國為主幹，積極為和平做出貢獻的思潮。戰後和平憲法便是以集體安全為前提所制訂。所謂以聯合國為主幹的集體安全即是本身不保有軍隊，全賴聯合國的保護。若是如此，日本在聯合國內的地位將會成為問題。也就是說，作為一個獨立國家，是該被動地依靠聯合國，還是應該積極地協助聯合國呢？

兩種和平主義中，自衛隊這樣的組織成為了第一種和平主義批判的對象。另一方面，在第二種和平主義下，會有建立軍事組織的必要性，自衛隊的存在與角色就成了關注的焦點。從結論來看，冷戰時代以第一種和平主義的非軍事性為中心思潮；後冷戰則是以第二種和平主義為聚焦對象。但是，由第一種轉向第二種和平主義並非一蹴而成，自衛隊的任務是漸進地擴大。目前安保法制問題引起社會爭議，在思考這個問題時不能忽略和平主義與自衛隊的關係。

第二個觀點，是日美安保體制與自衛隊的關係。戰後日本的安全保障政策是以日美安保為基礎所建構的，在此無需重述詳細過程。戰後日本外交的基本方針，也就是「吉田路線」。該路線是以日美安保為中心，只保有輕武裝並重視經濟的政策。日美雙方於一九五一年締結最初的安保條約，經過一九六〇年重新簽訂後延續至今，而日本有一陣子可說是完全依賴安保條約。那麼，日本若依賴日美安保條約的話，會對自衛隊的角色產生什麼問題呢？此外，不論是舊安保條約或重新簽訂的安保條約，由美國保護日本，日本提供美軍基地的「基地與軍隊的交換」基本架構卻從來沒有改變。駐日美軍基地的存在會刺激日本的民族主義，促使反美運動高漲。一九五〇年代的日本也曾發生過和沖繩現在一樣的情況。

以自主防衛、重新建軍為根本的「美軍基地撤退」主張，便是以此為基礎。戰後日本長期論及的「自主」，是以民族主義為背景，並且產生如何與美國、美軍保持距離的問題。若強烈地意識到日本的自主性，則自衛隊的角色亦會擴大。更進一步說，若美國國力減弱，日美合作的必要性就會擴大。如此，日美合作的必要性以及日本自主性之間的關係，也會形成問題。這點亦是現在國家安全議題中的重要課題。

第三個觀點，是日本的政治與軍事關係。政治學上稱為「軍文關係」。戰前，軍方擁有極大政治影響力，其所作所為是導致日本走上魯莽戰爭之路的重要原因。針對此點之反省，才決定嚴格限制軍事組織的行為。戰後由美國引進的 Civilian Control——也就是「文人領軍」，對日本來說是全新的觀念。日本一邊設計軍事組織的同時，也不斷地反覆修正錯誤。最後，戰後日本特有、稱為「文官統治」的軍文關係就此誕生。

「五五年體制」是戰後日本長期持續的政治體制，保守派的自民黨與改革派的在野黨（以社會黨為中心）在此體制下相互對立。該體制下的國家安全一方面依賴日美安保，同時又進行稱為開發型政治的「酬庸政治」。[1] 故政治議題均以國內問題為中心，

1 譯註：「開發型政治」是一種注重公共建設以爭取選票的政治模式。作者意指在五五年體制下，日本政治人物多半以國內選票為優先考量而避談國防議題。

本來應該是重要議題的外交與國家安全，由於沒有選票市場，導致許多政治家不願涉入。加上非軍事和平主義氛圍的助長，自衛隊的管理經營遂委由防衛廳這個官僚組織負責。[2]除了災害支援與民生合作之外，防衛廳極力壓縮自衛隊的行動空間。要如何壓縮自衛隊呢？就是靠冷戰時期所施行的「文官統治」體制。這種壓抑自衛隊的情況，到了冷戰結束後有了持續性的變化。於是有了第四個問題。

第四個問題是，日本防衛政策的內容與實情。如前所述，冷戰時期的自衛隊是一支受到防衛廳嚴格管制，以訓練為主要任務的部隊。雖有補充汰換武器裝備的長期計畫，但在盡量不動用的前提下，完全沒有準備實戰—也就是以有事為想定的（法律）體制。[3]自衛隊就在這樣缺乏有事體制的狀況下進入後冷戰時期。這也是因為在戰後和平主義下，建立有事體制是相當困難之故。二戰後，軍事力量的主要任務是發揮「遏止力」。冷戰時代是以終極核戰為前提的核嚇阻戰略作為基本想定，因而抑制了美蘇或各個盟國之間可能引爆核戰的武力紛爭。故自衛隊只要充實裝備以及訓練，作為「遏止力」的一種存在即可。

但是，若敵國不懼怕自己的軍事實力，遏止力就無法成立。許多人常以一國所持有的兵器種類、性能諸元以及數量看待該國的軍事力量，但實際的軍事實力並不能只以表面的資料衡量。雖然持有的裝備性能與數量是重要因素，但部隊與兵力的配置、指揮官的能力、領導者的領導力、處理緊急事態的法律制度等等，都是構成軍事實力的重要因素。

討論軍文關係時，有必要從兩個方向來思考。第一個是「由軍隊主控國安」，另一個是「由軍隊提供國安」。軍隊既然是國家安全的主要角色，自然會有「由軍隊主控國安」的想法。此時為了讓軍隊能夠有效地運作，便需要不限制軍隊的政治體制。另一方面，如同戰前的日本以及發展中國家軍方的政變一般，軍隊也有可能成為威脅政府的組織。因此，不讓軍方冒進並以此為本的想法即是「由軍隊提供國安」。據此想法，就必須盡量限制軍方的力量。日本戰後的防衛組織設計，可說是以「由軍隊提供國安」為著眼點。

2 譯註：「官僚組織」特指經過國家考試錄取的公務人員，屬於文職。作者意指政治人物不願碰觸自衛隊相關議題，遂將具有軍事組織性質的自衛隊納入文官官僚的管理之下。

3 譯註：「有事」一詞在日文中泛指發生戰爭、武力衝突或是天然災害，反義詞即是「平時」。在防衛政策領域可視為需要動用自衛隊進行「防衛出動」的狀況。中文雖可譯為「緊急狀況」、「緊急事件」，但閱讀起來不免繞口，也不太能傳達意思，加上國內學術界也普遍採用「有事」一詞，故以下皆使用「有事」，不再贅譯。

換言之，限制自衛隊同時也會削弱「遏止力」。在冷戰此一「長時期無戰爭」時期下，盡量不出動自衛隊的想法也許無太大問題。另外，日本於非軍事和平主義下培養出來的「和平國家日本」這塊招牌，也是今後必須加以珍惜的重要價值。但如今，國際中出現了以強大軍事力量為後盾，意圖改變當今國際秩序的勢力。在此環境下，我們因而有必要認真地審視那些施加在自衛隊身上的諸多限制。

以上述四個觀點為中心，本書將以歷史的角度檢視自衛隊如何誕生，又如何成長至今。為了思考往後自衛隊以及日本的安全保障政策，亦有必要重新回顧自衛隊發展過程的腳步。

第一章

重建軍備之路

——防衛政策的形成

一、從警察預備隊到自衛隊

佔領政策

思考日本國家安全與國防機構時，仍須從戰敗與美軍佔領開始看起。以美國為主的佔領日本政策，相較於其他佔領國的情形雖是穩當，但對於日本政治，特別是之後的國家安全政策帶來了相當大的影響。從現在的觀點來看，戰後制訂的憲法和日本國家安全根本的日美安保體制已是常識，因此多數人或許會認為，解散舊日本陸海軍後不保有軍隊，以及日本國內有美軍基地這兩件事乃理所當然。但這些並非日本戰敗而自然產生的結果，而是美軍於佔領日本初期所推行之「非軍事化」、「民主化」這兩項基本方針帶來的重大影響。

舊陸海軍雖然因戰敗而不得不解散，但相關人士卻早已在思考媾和條約簽訂後重建軍隊的各種方法。因為從國際常識來看，既使戰敗軍隊遭到解散，重建軍隊仍是一個獨立國家的基本權利。舊帝國陸海軍軍人，自戰敗後便即刻研究將來要如何重建以及要建立什麼樣軍隊的構想。此構想保留了舊日軍的基礎，以備將來重建之需。這其實是以敗於第一次世界大戰、被迫縮小軍隊規模卻能再次武裝成功的德國為例。他們提出了各種方案，例如保存近衛師部隊；創設新部隊以保衛皇居；或者擴大警察編制並讓舊憲兵加入等。但這些方案都被盟軍最高統帥司令部（ＧＨＱ）的非軍事化方針所否決。

除了上述方案，舊陸海軍軍人各自與ＧＨＱ建立關係，以此方式從中摸索重建軍備的方法。當時舊陸海軍之間的行動有著極大的差異。戰前，陸軍是軍方支配政治的主角，其主要幹部卻因戰敗自殺、戰死或是以戰犯之名被逮捕而幾乎從舞台上消失了。故將官、校官等高階軍人之中，只有極少數人以某些形式在檯面上活動，多以擔任與ＧＨＱ聯繫的角色、負責編纂有關麥克阿瑟歷史的業務或出任吉田茂首相的顧問為主。但是這些陸軍軍人的特徵是，各自屬於不同團體，彼此之間沒有聯絡，並以相當鬆散的方式從事活動。

舊陸軍相關人士組成的團體，包括以有末精三前中將—他於戰後負責與ＧＨＱ聯繫—為首的「有末機關」；河邊虎四郎參謀次長的「河邊機關」；以及辰巳榮一的「辰巳機關」，他同時也是吉田茂首相的顧問。但最受矚目的，是由ＧＨＱ的Ｇ２（參二，主管情報）負責人查爾斯・威洛比（Charles Willoughby）少將所支持，以服部卓四郎前大佐為主的「服部集團」。後文會提到，服部等人不只以設立警察預備隊為目標，同時也積極地參與重建軍備。

海軍方面又是如何呢？不用說，若沒軍艦的話就無法成立海軍。如何使用軍艦這種高科技結合體，可說是相當重要。也就是說，由於軍艦的操作與艦隊的運用需要高度的技術與磨練，故未來重建海軍比陸軍更需要技術與傳統的傳承。從這一點來看，海軍可說是相當幸運。因為不只是從中國大陸或太平洋的復員工作上需使用船艦；由海上保安廳承接，負責掃除散佈於日本周邊的大量水雷任務中，也有一部份舊海軍軍人與船艦一同參與。即使掃雷任務規模小，但一部份留在海上保安廳的海軍軍人，便成為傳承技術與傳統的種子。

往後，當年參加掃雷任務並且隨後加入海上自衛隊的舊海軍軍人之中，也有人出任海上自衛隊中地位最高的海上幕僚長（相當於國軍海軍司令）。

另外，海軍並不似陸軍那樣人數眾多，戰敗後人員召集相當容易。在保科善四郎前中將以及野村吉三郎的領導下，許多舊海軍省內課長位階的前大佐、中佐聚集在他們周圍，為重建海軍而積極展開行動。保科善四郎曾於戰敗時擔任海軍省軍務局長此一要職，在美國海軍中也有許多熟人與朋友；野村吉三郎也曾出任過外務大臣與駐美大使。如上所述，海軍與陸軍相較，其特徵為能夠集中整合地從事活動。關於這點，我在重建海上部隊的部分也會詳述。

非軍事化與憲法

在佔領軍的非軍事化方針下，下述各種措施迅速地執行，（一）解除陸海軍武裝、（二）廢止與軍隊有關的機關、法令、（三）禁止軍事研究與生產、（四）逮捕與審判戰犯、（五）禁止職業軍人以及戰時指導者擔任公職、（六）解散具有軍國主義、國家主義色彩的團體。此外也制訂了載明放棄戰爭、不保有戰力的和平憲法。此為非軍事化與民主化最重要的政策。

如同各種研究結果所示，ＧＨＱ主導的新憲法制訂，實現了兩項日本與ＧＨＱ雙方共同的要求：擁護天皇制以及推行穩定的佔領政策。時至今日，憲法創造了日本討論國家安全政策時的基本要件。憲法本身的制訂過程雖是值得討論的課題，但在此只檢視憲法制訂後，在思考國家安全問題上較為重要的事項。

第一項為GHQ與自衛權的問題。憲法中放棄戰爭與不保持戰力的條款乃是基於麥克阿瑟的草案。麥克阿瑟的憲法草案有所謂的三原則，其中一條為放棄戰爭與不保有戰力。而他最初所寫的備忘錄中，連日本的自衛權也遭否定。但這等於是剝奪了獨立國家應有的權利，故GHQ民政局（Government Section）起草憲法時，在麥克阿瑟同意下刪除了該部分（五百旗頭真，《佔領期》）。問題在於GHQ向日方出示草案時，並沒有針對保留自衛權做說明。國會審議憲法時，共產黨的野坂參三質詢時向首相吉田茂逼問：「不採用放棄『全部戰爭』的說法……（略）……改為放棄『侵略戰爭』不是更恰當嗎？」對此，吉田茂回答：「承認正當防衛權這件事本身是有害的。」這段連自衛權都否認的答辯已是廣為人知。[1]從而，我們就必須從日本是否保有自衛權此一問題

1 譯註：原文只取部分答詢內容。野坂的質問中先舉出戰爭分成侵略與防衛戰爭兩種，再詢問吉田茂這部憲法為何不寫明日本只放棄「侵略戰爭」。吉田茂不知GHQ已承認日本的自衛權，故先舉例近年許多戰爭是以國家防衛權為名進行的，再進一步主張正當防衛權偶爾也會引發戰爭，故亦有害於和平。

為開端，來探討日本戰後的國家安全。

但其實國會在審議新憲法時，並沒有深入討論憲法九條。之後成為法制局長官的林修三日後表示：「此時（憲法制訂議會）的討論都集中在國家體制是否會因新憲法而改變。由於日本被美軍佔領，加上處國民處於戰後筋疲力盡的狀態，因此第一個理由是，就算討論憲法九條的問題也不會有什麼作用，大家都陷在戰勝國至上的失敗氣氛下……（略）……幾乎沒有深入性地討論。憲法九條問題之所以會隨著美軍結束佔領、日本周邊國際情勢變化，在國會、學界與輿論界擴散成為舉世難題，原因便在於當時國會並沒有仔細研究憲法九條的主旨與解釋」（林修三，《法制局長官生活回憶錄》）。由於政府本身在憲法制訂時期沒有徹底研究自衛權，造成往後自衛權討論的混亂局面。

第二項是，從制訂時期起，憲法與聯合國之間的關係一直是重要議題。憲法放棄戰爭的思維，是受到第一次世界大戰以降的和平思想，特別是巴黎合約的影響。不只是放棄戰爭，連戰力也不保有的思想，與憲法前言「決定信賴愛好和平的各國人民的公正與信義，維持我們的安全與生存」相呼應。國會在審議時就意識到憲法放棄戰爭的思維，與戰後成立的聯合國所提供的集體安全有所關連。因此，國會也討論了聯合國提供的集體安全以及加入聯合國的問題。憲法與聯合國的關係，有兩個重要的論點。

第一種論點是，不保有軍隊的日本是否能夠實行聯合國憲章所規定的義務？後來擔任憲法調查會會長的高柳賢三表示，由於聯合國憲章與日本憲法在哲學上有所差異，故日本不應加入聯合國。另外，松本學與南原繁兩人質疑，無法實現聯合國憲章的日本根本不能加入聯合國。若在美軍佔領時就加入聯合國，未來將發生問題，而關於此點的討論卻一直曖昧不明，沒有明確解答。然而日本在沒有任何保留條件下就加入聯合國，自此背負著忠實地實踐憲章的義務，從這點觀之，日本本身應是有所自覺。這與第二個論點有關。

第二個論點即是，要如何實現憲法載明的理想？從日本憲法的戰爭放棄、不保持戰力原則，以及前言中的文句，可以導出「不戰誓言」。而憲法前言中的和平主義宛如以世界邦聯為目標的理想主義。也就是說，若想實現這個理想，我們得問問日本能做什麼？又該做什麼？難道日本只要宣示不進行戰爭就夠了嗎？憲法前文如此稱頌：「我等期許維持和平，努力永久消除世上的專制與奴役、壓迫與偏見，並在這樣的國際社會中享有名譽地位。我等確信，全世界的人民都有免於恐懼與匱乏並在和平中生存的權利。我等深信，任何國家都不能只顧本國而罔顧他國……（略）……日本國民誓以國家的名譽，竭盡全力達到這一崇高的理想和目的。」學者南原繁對此有如下評述：

「當今的憲法草案預設日本終將加入聯合國。我想，聯合國憲章中一國的自衛權是受到承認的。另外，聯合國並沒有獨自存在的兵力組織，各會員國有提供兵力之義務。在此我想質詢的是，將來若聯合國允許日本加入，意思是我們將會拋棄這樣的權利與義務嗎？若真如此，日本將永久仰賴他國的善意與信義生存。如此日本不是將陷入東方絕望主義的危險之中嗎？毋寧說，這反而失去積極擁護人類的自由與正義、透過互相犧牲血汗共同攜手確保世界永久和平的積極理想之意義。此乃我所擔憂之事。」（貴族院本議會，一九四六年八月二十七日，劃線重點為作者所加）

並非只有南原繁如此認為。日本成功加入聯合國時，外務大臣重光葵在演說中宣讀憲法前言之後，又再次說明這些文句所體現的是日本國民的信條，同時也和聯合國憲章完全一致。然後為了再次確認，他又宣讀了入聯宣言中「日本接受聯合國憲章中所揭示的義務，且日本自成為聯合國會員起，將保證以所有現有的手段來遂行這項義務」的聲明。重光葵在往後日美安保修訂談判時，對於杜勒斯（John Foster Dulles）所提示的關島防衛問題，他發表肯定的談話。重光葵宛若大日本帝國時代的外交官，持續堅持身為獨立國家日本的責任與國際地位。日本不單方面接受他國提供的安全，同時也積極地有所作為，而這種觀點自然會產生問題。

不只是曾經擔任日本帝國外交官的重光葵有這種想法，以自由派政治思想為名的石橋湛山亦是如此。石橋表示：「我並非憲法專家（略），當今日本憲法對於權利的主張十分充足，但缺乏對義務的思考。（略）對建軍的問題亦是如此。大家或許討厭涉及建軍——也就是徵兵議題，但為了加入聯合國並且具備國際調解能力，日本必須負起建軍的義務。只要求聯合國保護，但卻厭於負擔義務，這樣是無法獨當一面地立足於國際上。要負擔聯合國所規定的義務，可考慮提供軍備；或者是前述的海外投資，亦是一種形式。總之，要加入聯合國，就必須事先考慮完成會員國應負擔的責任。」（〈石橋湛山談大話〉《東洋經濟新聞報》，一九五七年一月五日）

上述的思維以及後面將提到的日美安保的臨時性，都在質問獨立後的日本在國際上適當的角色為何？岸信介內閣將「聯合國外交中心主義」納入他提出的日本外交「三本柱」，也是上述思維之濫觴。[2]實際上，為了在聯合國獲得好評價，日本一直在外交

2 「三本柱」，棒球用語，球隊中具代表性的三位主要投手。在此用來譬喻三大主要外交政策。

上奮鬥。在當選安全理事會非常任理事國後，日本對黎巴嫩危機、剛果動亂的處理方式，成了檢驗「聯合國中心主義」具體內容的機會。而日本也提出獨特的處理方案，其貢獻也一時間受到國際認同。一九五八年黎巴嫩危機時，聯合國雖要求日本派員參與「聯合國黎巴嫩觀察團」，但日本參議院早於自衛隊創設之初就決議禁止派遣自衛隊至海外，加上法律也不完整，故不得不加以婉拒。

一九六二年二月，日本聯合國大使松平康東針對剛果動亂發表意見：「既然日本是以聯合國中心主義的立場來協助聯合國，那麼自然理當派兵。若是因國內法問題（憲法以及自衛隊法）而難以實施的話，至少應從自衛隊中派出觀察員。」此一發言卻在國會引來爭議。如同松平大使的發言一般，在當時逐漸成為共識的戰後和平主義氣氛下，連討論自衛隊派遣一事都顯得相當困難。另一方面，憲法和平主義的內涵之中，只有「不戰誓言」這部分不斷地被強調。關於如何致力於國際社會的和平，外務省等政府單位雖然不斷地討論，卻始終沒有具體政策。政府內部對派遣自衛隊一事的議論，亦不順利。我將在第四章再次詳述此問題。

講和與日美安保

美軍佔領下的日本，有兩項重要課題：戰後復興以及講和獨立。而講和獨立最重要的課題，則是佔領結束後的獨立，該如何建立國家安全。在載明放棄戰爭、不保有戰力的憲法，以及日趨嚴峻的冷戰此一國際結構之下，如何維持日本的和平與獨立乃是個問題。

如前所述，由GHQ主導的戰後憲法相當寄望於聯合國的集體安全機能。但因為一九四六年英國前首相邱吉爾的「鐵幕演說」、一九四七年杜魯門的「杜魯門主義」（以軍事支援反共）以及一九四八年柏林封鎖事件，導致冷戰日益嚴重。聯合國安全理事會因美蘇對立而無法下達重要決策，聯合國的功能明顯不彰。

日本周圍——也就是東亞地區，也受到冷戰的強烈影響。朝鮮半島南北分裂，北朝鮮（朝鮮民主主義人民共和國）與大韓民國各自成立政府互相對抗。二戰結束後於中國持續的國共內戰，由共產黨取得勝利。一九四九年十月中國共產黨建立中華人民共和國，蔣介石率領的國民黨則敗逃至台灣。當時關係尚且良好的中蘇兩國簽訂了載明「共同防止日本帝國主義之再起及日本或其他用任何形式在侵略行為上與日本相勾結的國家之侵略」的中蘇友好同盟條約（一九五〇年二月）。日本周邊的國際環境也因此趨向嚴峻。

在此國際情勢的背景下，負起和談任務的吉田茂認為，雖有必要於日本完成復興後修改憲法與重新建軍，但時機尚早，眼下應以戰後復興為第一要務。主要理由是，若進行所費不貲的重新建軍，恐將使供復興用的資金不足；值此大戰結束之際，許多亞洲國家會對日本重新建軍感到威脅；最後，當時有許多舊軍人正在從事重新建軍活動，此以觀之並無法排除重新走上軍國主義之路的可能性。因此，美國政府雖因冷戰的進展而改變政策，並催促日本重新建軍，但吉田茂卻以麥克阿瑟為後盾，一邊拒絕美國的要求，同時又推進和談交涉。當然，身為現實主義者的吉田茂並不認為日本可以在不武裝自己的情況下於國際社會維持獨立。吉田所選擇的對策，是由美國來防衛日本，也就是《日美安全保障條約》。

吉田所推行的外交，後來稱之為「吉田路線」或「吉田主義」。其內涵是「輕型軍備、重視經濟、日美安保中心主義」。也就是在輕武裝方針下追求戰後復興並盡量不把錢花在軍事上，同時以貿易立國為主要國家發展方向。在國家安全保障上，則依賴日美安保體制。「吉田路線」在吉田茂下台後仍被採行。此後歷經安保修訂騷動與「五五年體制」成形，一九六〇年代以降「吉田路線」逐漸成為日本基本的外交方針。在「吉田路線」之下，日本完成了戰後復興，同時作為經濟大國在國際社會佔有重要地位。「吉田路線」也因而博得相當高的評價。

在討論與和談具有密切關係的安保條約前，我想先談論與往後日本防衛政策相關的重要事項。首先，是安保條約的基本特性──「基地與軍隊的交換」。不論是舊安保條約，或是一九六〇年重新修訂至今的安保條約，都商定由美國協防日本，日本則在國內設置美軍基地為代償。美軍不只是單單防衛日本，因為根據安保條約的條文，美軍是為了「遠東」的和平而使用日本的基地。對日本來說，這產生了數項重要問題。

第一，即使美軍結束佔領，仍留下廣大的美軍基地。以常識來看，佔領軍一旦結束佔領就該返國。當時許多日本民眾也如此認為。但實際上佔領軍只將名稱改為「駐日美軍」而繼續駐軍。這嚴重刺激了日本國民的民族主義。於是一九五〇年代便成為反美軍基地運動高漲的時代。現在於沖繩的反基地運動，當年也曾在日本本土發生過。這種反美軍基地運動，對日本重建軍備問題也造成了影響，這點將於後述。

第二個問題為安保條約下日本防衛力的角色。日本的防衛力雖然依序從警察預備隊改組為保安隊，然後再組成自衛隊。但後面會提到，即使是自衛隊成立之後，日本的防衛官僚中樞仍然不願重視自衛隊的角色，他們的考量仍以美軍的存在做為日本安全的主要保障。只要美軍一直存在，日本就會安全。若此，自衛隊的角色又是什麼呢？只要日美安保逐漸穩固，自衛隊的角色就逐漸成為問題。

第三個問題是，在日本領土與領海之外的地區，日美防衛合作亦是重要課題。此乃新安保條約第六條「遠東條款」所造成的問題。在一九六〇年代結束前，美國具備強大軍事力，反之日本的防衛力卻相當薄弱，遂有許多對「被捲入美國的戰爭」一事的相關討論。但是經過越戰後，美國的國力已達強弩之末，而日本逐漸成為經濟大國，日美之間的合作也逐步有了「現實性」。現今，日美防衛合作仍是一個課題，而集體自衛權也成了相關議題。只不過如第二章提到的，在二戰甫結束的時代，所有的議題都被限定在日本本土防衛之內，問題因此不複雜。但我們不能忘記，日美安保條約本來就是基於集體自衛權而締結的。

最後則是安保條約的臨時性。吉田所簽訂的安保條約是一種實質上的駐軍協定，明確記載了內亂條款以及美軍防衛日本的義務，因其不平等性之故而被強烈批判。但如同擔任安保條約交涉的西村熊雄條約局長所述，國力薄弱的日本是以戰後復興為主要目標，來接受這種不平等性並簽訂安保條約。由於日本缺乏和美國締結聯防協議所必須的

「持續並且有效、自助與互助」的自衛能力，故而與美國簽訂安保條約，是暫時性措施。因此一旦日本具備充足的自衛能力後，雙方應改簽更具恆久性的條約。（西村熊雄，《舊金山和平條約與日美安保條約》）

吉田茂一直認為，應先完成經濟復興後再進行重新建軍。與先前所述的積極協助聯合國思維一樣，當時的政治家重視的是身為獨立國家所應盡之義務。只不過吉田茂認為要先謀求充實國力，重光葵等人則優先考慮獨立國家所應盡的責任，兩種想法的優先順位不同。政策的優先順位是非常重要的問題，因為它和「問題認知」（Problem Recognition）有著共通之處。

吉田茂雖然以簽訂日美安保條約做為日本獨立後國家安全保障的方針，但事實上一九五一年九月安保條約簽訂時，自衛隊的前身警察預備隊早已存在。美國在與日本的談和過程中，屢次要求日本強化防衛力。吉田茂也不得不認同美國部分的要求，警察預備隊遂改組為保安隊。那麼，拒絕重新建軍的吉田路線與警察預備隊之間有什麼關係呢？如同各位所知，警察預備隊成立的契機乃是韓戰，這對吉田茂以及日本政府來說可謂晴天霹靂般的大事。

創設警察預備隊，重新建軍之始

為了不讓日本在東亞再次成為威脅，當初美國佔領日本之際徹底以民主化、非軍事化方針統治日本。但隨著冷戰的進展，改採積極支援日本重建的方針，讓日本做為亞洲反共防波堤。美國本土因而決定商議日本重新建軍一事。

另一方面，負責佔領與統治日本的GHQ卻認為並無此必要。理由是周邊國家對日本重新建軍感到恐懼，與非軍事化的基本方針抵觸；日本人民無意重新建軍以及就算重新武裝，日本也無法擁有具備足夠戰力的軍隊。特別是麥克阿瑟五星上將，他認為制訂和平憲法乃自身功績，強烈反對重新建軍。身為美國陸軍的大老、太平洋戰爭的勝利英雄，麥克阿瑟的意見具有相當的份量。另外，也有意見認為透過強化沖繩的美軍基地，就足以防衛日本本土。即便美國支持重建日本，並認為應重建其軍隊使之與美國站在同一條反共陣線上，但也無法忽視麥克阿瑟這位駐日美軍司令官的意見。

事實上，為了加強與日本的關係，美國曾試圖盡早與日本簽定戰後合約並且恢復其獨立。同時，美國也不斷要求日本政府於獨立之後重新建軍，以守衛日本本身。但吉田茂首相持續地以麥克阿瑟為後盾，拒絕美國政府的要求。GHQ此後亦對日本重新建軍採取一貫否定的態度。這種態度，就是為何警察預備隊因韓戰創立時，ＧＨＱ本身無法決定是要建立正式的軍事組織，抑或是採取加強警力的基本方針，並不斷地成立曖昧不明的軍事組織。

不過，就算日本政府與ＧＨＱ反對重新建軍，但雙方在日本國內治安政策上，一致同意加強警察的力量。由於戰敗導致的混亂以及ＧＨＱ推行民主化政策，日本的社會不安因頻繁的勞資糾紛而不斷擴大。以冷戰加劇、共產黨於中國內戰取得勝利的國際情勢為背景，革新勢力逐漸強大，頗有問鼎政權之勢。[3]例如趁著一九四九年一月選舉中獲得三十五席的成長氣勢，共產黨通過了「九月革命方針」。甚至接下來還通過以武裝鬥爭為主要內容的「五一年綱領」。由此可看出共產黨已明確地採取了反政府態勢。另外一九四九年陸續發生「山下事件」、「三鷹事件」以及「松川事件」，擴大了社會不安。[4]冷戰便是以國內治安問題的形式顯現於日本。冷戰所形成的國內治安問題，在

3　譯註：以當時的在野黨社會黨或共產黨為中心的勢力。

4　譯註：「山下事件」，當時日本國鐵總裁山下定則於七月五日上班途中失蹤，隔天屍體於國鐵常盤線北千住站與綾瀨站之間被人發現，至今死因不明；「三鷹事件」，七月十五日，一輛無人列車從國鐵中央本線三鷹車站駛出，以時速六十公里衝撞翻覆後造成六死二十餘傷的意外事故；「松川事件」，八月十七日，一班從青森出

日本完成獨立後仍持續著。如同獨立後所制訂的《破壞活動防止法》（一九五二年七月）一般，此乃日本國家安全問題的特徵。無論如何，由於當時GHQ的佔領政策，使得原本總管警察的內務省遭到解散，警察也被劃分成國家地方警察和自治體警察兩種體系。[5]這一改革的結果反而削弱了警察的實力。因此，為了應對治安問題，加強警察力量就成了重要課題。

有個逸話可以顯示吉田茂是如何嚴正思考治安問題，那就是警察預備隊所引起，稱之為「虛幻的治安出動」事件。一九五二年五月三日，警察預備隊受命派出一個營參加在皇居前廣場所舉行的「和平條約生效暨憲法施行五週年紀念典禮」。此乃肇因於典禮兩天前發生的「染血勞動節事件」影響，為了在惡化的治安中補足警力，故向警察預備隊下達出動命令。這是新聞記者採訪相關人士後所得知的實情（佐瀨稔，《自衛隊的三十年戰爭》、讀賣新聞戰後史班編《「重建軍備」的軌跡》）。這一紙出動命令究竟隱含什麼問題呢？

這道命令是由林敬三總隊總監，也就是制服組的最高負責人，直接下達給擔任現場負責人的第一管區第一團團長與副團長。[6]原本應是由總隊總監先命令第一管區總監，再由管區總監向部隊指揮官下達命令。但林敬三總隊總監的作法違反了慣例。另外，向林敬三下達命令的人除了首相之外不做他想，但並不清楚當時吉田茂首相究竟下達了什麼樣的命令。甚至，現場指揮官根據個人的判斷，命令部隊攜帶機關槍以及私下配備實彈出動。幸好典禮順利結束，但警察預備隊全副武裝出動一事卻被揭發，現場指揮官因「違反命令」遭到處罰。

這事件凸顯兩點問題。第一是舊日本軍以現場任事者的判斷為優先的組織習慣，持續存在於警察預備隊。第二是無視於規定的命令系統而下達「灰色地帶的出動命令」。而第二點是特別嚴重的問題。也就是以曖昧的命令讓現場人員承受更多責任，但下令者的責任歸屬則不明確。而以現場判斷為優先的作法，實際上卻會在類似前述典禮的狀況下迫使現場陷入緊張。類似上述的問題，不會發生在現今的自衛隊身上嗎？關於這點，我將在後面逐次說明。

發前往上野的火車行經福島縣信夫郡金谷川村時，火車頭突然出軌導致後方的貨車、戴客車廂翻覆，造成司機等三人死亡。儘管逮捕了可疑嫌犯卻因罪證不足而全員無罪，至今真相未明。上述三事件稱為「國鐵三大迷團」。

5 譯註：戰後舊警察法為了防止戰前警察中央集權的弊病，規定人口五千人以上的自治體可設置警察，五千人以下則由中央設置，前者稱為自治體警察，後者為國家地方警察。後因管理不易而於一九五四年廢止。

6 譯註：制服組，意指穿著制服的軍職人員。其相對詞為「西裝組」，即穿著西裝的文職人員。在此保留原漢字不另譯新詞，以凸顯自衛隊在法律上並非軍隊。

順帶一說，這類的治安問題與反美軍基地運動也有關連，產生「間接侵略」的威脅。所謂「間接侵略」是指，敵對勢力以支助國內反政府勢力來引起混亂，透過挑起革命等方法企圖轉換本國體制的活動。因美蘇戰爭而導致對日本直接侵略的可能性逐次減低，但間接侵略的可能性卻很高。間接侵略曾實際發生在二戰後的東歐各國，故從自衛隊的任務這點來說，具有相當大的意義。

一九五〇年六月二十五日爆發的韓戰，對日本重新建軍議題產生了重大影響。為了支援被北韓攻勢擊退到釜山的美韓聯軍，美國投入了駐日美軍。若就這樣放著讓原本就對治安狀況抱有不安的日本成為武裝真空地帶，則日本有可能因此陷入危機。

因此七月八日當天，麥克阿瑟盟軍最高統帥向吉田茂首相發出一封書信，寫著「允許採取必要措施設置由七萬五千名人員組成的警察預備隊，同時替海上保安廳現有的海上保安力量增加八千名人員」。雖然是GHQ「允許」，但並非由日本政府向佔領軍提出申請，而是佔領軍指示日本政府。政府將此指示視為不需國會審議的波茲坦政令，[7]於八月十日公布「警察預備隊令」並且當日實施，此為警察預備隊的肇始。一般認為這是日本重建軍備之始，而警察預備隊的創建過程本身對往後日本的防衛政策有著極大影響。因此我們就來看看在警察預備隊的創建過程中，有哪些重要事項。

第一，警察預備隊的創建是在GHQ主導之下進行的。GHQ組織顧問團，並指導創建警察預備隊的具體內容。但接到麥克阿瑟指示的日本政府宛如熟睡中被潑了冷水驚醒般，在完全不知該成立何種組織的情況下依循GHQ的指示。如前所述，GHQ雖然抵抗美國政府重建日本軍隊的要求，但也不得不承認有必要設置具備武力的組織來防備因派遣美軍應付韓戰而導致的日本防衛空缺。不過，在盟軍司令部——尤其是麥克阿瑟主導制訂的憲法之下，並無法命令日本創建明確的軍事組織，因而顧問團的指示也不得不隨之曖昧不明。

第二，實際負責組建部隊的，是舊內務省警察體系的官僚。這些官僚在成立新組織時，以警察組織的樣貌為前提進行規劃。「警察預備隊令」中明確記載警察預備隊的任務是「在有維持治安的特殊必要場合之際，受命於內閣總理大臣採取行動」，而該行動則「僅限於警察的任務範圍內」。如上述法令所示，警察預備隊的存在，於法律上的意義近似於警察而非軍隊。這點與擔任組織設計的舊內務省官僚有很大的關係。在編制

7 譯註：日本接受波茲坦宣言後，於一九四五年九月二十日由天皇發出第五四二號勅令，規定若盟軍最高司令部所發出的命令中有特殊需要，政府可不經國會審議而直接以「命令」的形式實施。又稱為波茲坦勅令。

與裝備上雖是仿效美軍的「軍事」組織，但在法律定位上是「警察」，警察預備隊因而成為性質曖昧不明的組織。

警察預備隊是由七萬五千名實戰部隊以及約一百人的管理職員組成，主要職位由舊內務省警察官僚出任，並且掌控實權。部隊的最高指揮官總監一職亦是由內務省出身的林敬三就任。到一九七〇年代為止，警察體系的官僚在防衛廳內一直佔有重要地位。而且，當初的方針是盡可能排除有舊日軍背景的人士。之後由於部隊運用上的必要性，出身舊日軍者逐漸加入預備隊。不過，警察官僚們仍徹底地注意不讓舊陸軍的影響力擴及預備隊。

與此相關的是，曾經位居舊陸軍戰爭指導中樞的服部卓四郎等人曾意圖參與預備隊的創建。此事影響甚為深遠。做為參謀本部作戰課長，服部是太平洋戰爭中大多數陸軍作戰計畫制訂的中心角色，也曾經擔任東條英機首相的秘書官，是陸軍參謀軍官中具代表性的人物。儘管吉田首相對服部有所避忌，一直在背後支持服部的GHQ參謀二部（G2）威洛比少將仍在警察預備隊創建之際，策劃由服部卓四郎擔任部隊最高指揮官。這項行動雖因吉田首相與麥克阿瑟的談判而受挫，但對於那些當上預備隊幹部的警察官僚來說，他們強烈地擔心不知何時舊軍隊的勢力又會滲入，讓預備隊成為如同帝國陸軍般的組織。這份擔憂讓警察系統官僚強烈傾向於必須打壓實戰部隊——也就制服組的地位。事實上，往後服部集團也向反對吉田茂的鳩山一郎等人靠攏，並且從事各種活動。警察官僚們也陸續經歷預備隊、保安隊、自衛隊的改組，成為防衛廳內局官僚的要角。[8]在他們眼中，服部集團等舊軍隊勢力的捲土重來，是相當令人不安的因素。

更進一步說，多數負責成立警察預備隊的舊內務省官僚，對於戰前軍隊的「蠻橫」多半抱有反感。只不過，身為警察官僚，他們仍擔憂著戰後治安的惡化，於是把建立警察預備隊，視為補強因佔領改革而被削弱的警察力量而擔起此一任務。當然，從發配給警察預備隊的美軍二手武器以及部隊的組成來看，這些舊內務省官僚也知道警察預備隊具有轉變成軍隊的能力。講和獨立後，這份擔憂就轉化為警察官僚們所採取，不讓舊軍隊勢力進入保安隊與自衛隊的各種行為。

警察官僚用來壓抑制服組的理論，是學習自美國的文人領軍思維。這是舊軍隊時代所沒有的思維，據說一開始日本還不太能理解美國的說明。但內局官僚們卻以此思維

8 譯註：內局，「內部部局」之義，日本行政組織的一種，置於府、省、廳內部的單位。如現今防衛省的防衛政策局、整備計畫局、人事教育局等等，皆為輔佐防衛省的內局。早期防衛廳內局人員多為文官官僚，由他們管理自衛隊，形成作者所稱的「文官統治」。

當作前提，用以組織保安隊與自衛隊。當時他們參考的，是一位美國學者哈羅德・拉斯威爾（Harold Lasswell）。拉斯威爾提出「衛戍型國家」（garrison state）理論，認為軍人比平民更喜好戰爭，指出在自由民主國家仍有朝向國家軍事化的危險性。特別是一九三七年日本的政治型態，採取了最接近拉斯威爾所稱的「衛戍型國家」之型態；對於經歷過戰爭與軍隊專橫的內局官僚來說，非常能認同拉斯威爾的理論。現在拉斯威爾的理論雖被批評「過於誇大評價軍隊角色的結果」，但拉斯威爾的想法成為內局官僚壓抑制服組時的理論支柱之一，可說是具有極大的意義。

從掃除水雷到重建海上部隊

陸上部隊始於警察預備隊，之後改組成保安隊，成為陸上自衛隊的基礎。另一方面，海上部隊的開始則是一個獨特的過程。

戰後日本周邊海域，成為了非法捕魚、非法貿易以及偷渡等惡質犯罪的舞台。同時還有海盜橫行於海上，此乃帝國海軍尚在時所無法想像的。在這樣的時期，朝鮮半島發生霍亂，於是便有了在邊境阻止其蔓延至日本國內的必要性。如此，為了強化海上安全體制，一九四八年五月設立了海上保安廳。

不過，對日本重建軍備有所警戒的ＧＨＱ民政局當初並不太贊成設立海上保安廳。因此附加了六項嚴格條件後，方准許設立。該六項條件為（一）職員人數一萬人以內、（二）船艇一百二十五艘以下，總排水量五萬噸以下、（三）每艘船艇排水量一千五百噸以下、（四）速度十五節以下、（五）武器僅限於海上保安官使用的小型槍砲、（六）活動範圍為限定於日本沿岸的公海。

而且，海上保安廳法案受到媒體爆料等事件影響，原本計畫在偷渡監視船上搭載大砲的計畫遭到否決。甚至，高層還下令在海上保安廳法第二十五條載明「不得以本法律的任何規定解釋並認可海上保安廳以及其職員可作為軍隊加以組織、訓練或執行軍隊的功能」等等，實為多舛的啟航。

由於海上保安廳法第二十五條之故，自衛隊法第一百零一條第二項規定「長官（目前的法條為「防衛大臣」）若認為在遂行任務上有特殊必要時，可向海上保安廳等要求合作。此時，海上保安廳等只要沒有特別事由，必須予以配合」。但儘管如此，仍無法長期建立海上自衛隊與海上保安廳的合作體制。實際上，這組互相矛盾的法律至今依舊存在。海上保安廳成立之時，舊海軍軍人參與程度頗深。例如以前述的海上掃雷集團編入海上保安廳為始，最後一任海軍省軍務局長山本善雄前海軍少將、奥三二前海軍大佐成為保安廳長官助理，以及渡邊安次前大佐就任保安局管船課長。進而，麥克阿瑟司令部也發出准許錄用一萬人以下舊海軍軍人的備忘錄，最後共錄取舊海軍軍官一千人、士官兵約兩千人，合計三千人。海上保安活動需要高度的專門知識與技術，故GHQ也得允許招募舊軍軍人。

附帶一題，韓戰爆發後，海上保安廳的掃雷部隊立即依照佔領軍的指示出動。麥克阿瑟的作戰構想是從西岸的仁川登陸後，再登陸東岸的元山包圍北韓軍隊。掃雷部隊授命在登陸前掃除水雷。海上保安廳掃雷部遵照佔領軍的命令，自不該參戰的日本出動。其中MS14號掃雷艇因觸雷而沈沒，造成一名「戰死者」。但這件事始終被當作極機密處理。[9]

以參與海上保安廳創建的山本善雄前海軍少將、第二復員局長澤浩庶務課長（前軍務局第一課長）以及吉田英三資料課長（前軍務局第三課長）為核心，同時又以前述的野村吉三郎與保科善四郎為中心，過去的將官階級與校官階級同心協力，為再建海軍而行動。此以一九五一年一月二十四日秘密成立的「新海軍再建研究會」為代表。海上保安廳設立時錄用舊海軍軍人一事，也有他們的積極參與。不久，他們對那些接踵成為海上自衛隊中心幹部的人，產生了很大的影響力。與此相較，陸軍分為許多團體而未加以整合，服部集團這個重建軍備的要角，是以中階幕僚為行動中心，幾乎未跟將官階級有所聯繫。[10]

舊海軍集團重建軍備方案，最顯著的特徵是非常重視與美國的關係。如前所述，海軍重建時，由野村這位在美國擁有許多人脈的人物做為行動中心的方法奏功；美國遠東海軍司令官透納・喬伊（Turner Joy）、拉爾夫・奧福斯（Ralph Ofstie）參謀長，甚至阿利・伯克（Arleigh Burke）副參謀長（之後就任作戰部長，此為美國海軍軍人最高職位）等人都是野村與保科的強力支持者。如同野村於講和談判時拜訪杜勒斯所說的「最重要的基礎是日美軍事同盟」，舊海軍集團所重視的對美關係是著重在軍事同盟觀點上。不僅如此，保科向伯克這位美國海軍中支持日本的代表性人物說明新海軍再建研究會的計畫時提及，重建的新日本海軍「將成為協助美國海軍的客體」。由保科所言可

9 譯註：元山登陸作戰的執行日為一九五〇年十月二十日。十七日，美軍下令掃除永興灣內水雷，日本掃雷隊被分配到情資顯示佈雷量較少的海域，但卻發生了悲劇。同日 1521 時，位在永興灣麗島燈塔兩百四十四度、距離四千五百公尺之處，日本掃雷艇 MS14 號因觸雷而瞬間沈沒。雖經美軍交通艇、汽艇與日方 MS06 號搶救二十二人，但仍有一人下落不明（中谷坂太郎）、十八人輕重傷。

10 譯註：服部卓四郎最終官階為大佐。

知，海軍再建研究會一直構思重建一個可以協助美國海軍的新海軍。在海上自衛隊創立的基礎點上，此一思維非常重要。

美國海軍在「Y委員會」（隸屬於海上保安廳之下）問題上，明確地對重建日本海軍一事表達善意態度。一九五一年十月，美國向日本傳達將出借六十八艘艦艇的消息。只不過尚未決定要出借給哪一個單位。是要借給海上保安廳呢？還是新建的海軍呢？還是說新的海岸防衛隊呢？為了決定由哪一單位負責管理與運用出借的艦艇，遂設置了「日美聯合研究委員會」，這就是通稱的Y委員會。過去軍方以A簡稱陸軍，B簡稱海軍，C簡稱民間，若將英文字母順序顛倒過來，Y就相當於B，故而採用Y作為代號。

Y委員會由海上保安廳的成員，以及前述的山本、吉田、長澤等八位前海軍人士組成。對於該如何定位管理與運用這批艦艇的組織，在該委員會內展開了激烈爭論。海上保安廳主張應由海上保安廳來運用，反對交給將來預計從海上保安廳獨立的組織——這類組織有可能導致海軍復活。與此相對，海軍集團從一開始就主張建立「小型海軍」。最後是由美國遠東海軍替膠著的爭辯做出結論。美國海軍支持舊海軍的提案，同意建立一個將來從海上保安廳分離並且獨立的新機構。就這樣，一九五二年四月二十六日，海上保安廳所屬的海上警備隊宣告成立。三個月後的八月一日，保安廳成立，海上警備隊改組為警備隊，並且從海上保安廳分離。[11]舊海軍相關人士與美軍的合作下，終於打開了重建海上部隊的道路。

順帶一題，舊海軍集團在此之後仍持續活動，新設的海上部隊因而留著濃厚的舊海軍傳統色彩。另外，舊海軍集團的野村與保科進入政壇，成為自民黨國防系議員。而這也導致防衛廳內局官僚對他們產生戒心。此點將在後面章節敘述。

獨立與保安隊的創建

日本於一九五一年九月簽訂舊金山合約，該合約於隔年一九五二年四月生效。據此，日本從美軍的佔領中解放，並且成為獨立國家。吉田茂首相遵守和談時與美國的約定，增強並改組警察預備隊，設立保安廳與保安隊。保安廳做為管轄陸上與海上兩種實戰部隊而成立，將警察預備隊與另外組成的海上部隊——警備隊一同置於其下。

11 譯註：「保安廳」，英文：National Safety Agency，與海上保安廳無關。成立於一九五二年八月，下轄警察預備隊改組而來的「保安隊」，以及由海上保安廳獨立後納入的「警備隊」。

這時期的問題是，美國對於日本防衛力整備有關的基本想法，與日本政府本身的方針大相逕庭。麥克阿瑟這位吉田茂抗拒重建軍備最大的後盾在韓戰中遭到解職。面對韓戰加劇以及蘇聯遠東軍威脅的局勢，不只是美國本身，連駐日美軍也開始考慮日本重建軍備一事。該計畫為，將一九五二年現階段七萬五千人的部隊，在一九五三年內擴編為十個師團，人數三十萬至三十二萬五千、實力較均衡的部隊。但吉田茂的想法是，當下以經濟復興為主軸，盡量維持輕型武裝，並將建構適合日本的軍隊一事視為長期問題。但這與美國的計畫完全相反。

保安隊成立後，美國仍持續要求日本重建軍備，又加上MSA（相互安全保障法）——為了讓日本取得必要裝備而進行軍事援助的法案——所衍生的問題，日美之間的交涉因而進展困難。一九五三年十月，池田勇人做為吉田茂首相特使赴美與美國助理國務卿羅伯遜會談，並以「五年防衛計畫池田個人提案」與其交涉。該案添加了自次年度起三年內將陸上兵力增強至十八萬人的構想。但雙方最後卻在沒有明確的共識下完成日美共同聲明，並在聲明中放入日本「逐漸增強防衛力」的主張。美方對日本在增強防衛力上的態度仍有不滿，但日方卻留下「建立十八萬人防衛體制是與美國的約定」的認知。

事實上池田所提出的「五年防衛計畫池田個人提案」是由池田的親信大藏省集團所製作，保安廳從未參與。不僅如此，池田——羅伯遜會談的結果也沒直接告知保安廳。吉田政權內對增強防衛力問題的觀點，從來都不是基於日本國防的必要性，而是為了因應美國的要求、由大藏省為中心就財政觀點的研究。

且說保安隊也是以維持治安為主要任務，並不從事防禦外敵此一軍隊應為的主要任務。不過和明確被定位為警察的警察預備隊比起來，保安隊在法制上是治安維持部隊，等於是類似於武裝警察的組織。也就是說，保安隊又比警察預備隊更接近軍隊。另一方面，對制服組的控制也更加強化，明確形成所謂的「文官統治」。

「文官統治」就是在保安廳長官之下，存在著兩種輔佐機構。一是由官房以及內局等文官組成的內局，另一個是由制服組組成的幕僚監部。保安廳法第十條規定了這兩種輔佐機構的關係。該條款規定官房以及各局的任務是「輔佐（保安廳）長官制訂關於保安隊與警備隊的各種方針和基本執行計畫；輔佐長官對第一幕僚長或第二幕僚長下達指示。長官決定保安隊以及警備隊的管理、營運基本方針，並向第一幕僚長或第二幕僚長下達指示。各幕僚長以長官的指示為基礎，制訂方針以及基本執行計畫。但長官的指示案由長官官房以及各局制訂。（劃線重點為作者所加）」依此，實際上內部部局的職權是在制服組之上的。而且根據保安廳法第十六條第六項，制服組是被排除在內局幹部的人事調動之外。

甚至，根據「保安廳訓令第九號」（一九五二年十月七日）賦予內局「與國會其他中央機關（以下稱國家等）的交涉，由各局為之。」的權利。從這個觀點來看，內局成為保安廳的代表。同時，內局也在部會間交涉問題上，向保安廳內部，特別是幕僚監部給予意見。即使保安廳成為自衛隊後，這種關係也未曾變更。

自衛隊的成立

日本同時簽署舊金山和約與日美安保條約，開始回歸國際社會。這裡的重點，是前述的「基地與軍隊的交換」此一日美安保條約的性質。日本不保有防衛上必要的軍事力量而由美國負責保衛，因此日本有義務提供美國基地作為代償。如此，原本應在簽訂合約與獨立後回國的佔領軍，卻基於日美安保條約而成為駐日美軍繼續駐紮日本。（參照表一）

對一直盼望終能脫離佔領狀態的國民來說，美軍續駐就等同於持續佔領。由於日美安保條約實質上是一種駐軍協定，具有不平等的性質；甚至決定駐軍法律地位的日美

年度	兵力合計（人）	陸軍	海軍	空軍	基地數	面積（1000m²）	犯罪事件檢舉數	備註
1952	260,000	—	—	—	2,824	1,352,636	1,431	和平條約生效
1953	250,000	—	—	—	1,282	1,341,301	4,152	內灘鬥爭激烈化
1954	210,000	—	—	—	728	1,299,927	6,215	
1955	150,000	—	—	—	658	1,296,364	6,952	
1956	117,000	—	—	—	565	1,121,225	7,326	砂川事件
1957	77,000	17,000	20,000	40,000	457	1,005,390	5,173	岸信介—艾森豪會談。吉拉德事件
1958	65,000	10,000	18,000	37,000	368	660,528	3,329	
1959	58,000	6,000	17,000	35,000	272	494,693	2,578	
1960	46,000	5,000	14,000	27,000	241	335,204	2,005	修訂安保條約
1961	45,000	6,000	14,000	25,000	187	311,751	1,766	
1962	45,000	6,000	13,000	26,000	164	305,152	1,993	
1963	46,000	6,000	14,000	26,000	163	307,898	1,782	
1964	46,000	6,000	14,000	26,000	159	305,864	1,658	東京奧運
1965	40,000	6,000	13,000	21,000	148	306,824	1,376	美國正式介入越戰
1966	34,700	4,600	12,000	18,100	142	304,632	1,350	
1967	39,300	8,300	11,400	19,600	140	305,443	1,119	

表 1　駐日美軍基地的變遷

（註 1）因統計方式之故，做為基準的月份會有誤差，各年的數值為一概數。

（註 2）「兵力數」取自《安保關係資料集》（美日新聞社，1970 年）、「基地數量」與「面積」取自《防衛年鑑 1988 年版》、「犯罪事件檢舉數」取自《美日安保條約體制史 3》（三省堂，1970 年）。

行政協定亦是如此，因此大多數日本國民對因駐軍續留而引起的犯罪等事件抱持反感。當時韓戰結束，那些從戰場返日的美軍所引發的犯罪亦與日俱增；以及美軍為了在日本取得訓練場所等等問題，美軍基地也不斷侵擾周邊居民。正是這些事情刺激了日本國民的民族主義。日本各地展開了反對美軍基地的運動，如自一九五三年起趨向激烈的石川縣內灘鬥爭、一九五五年開始的砂川鬥爭、一九五七年一月發生的相馬原事件（吉拉德事件）等等。[12]加上比基尼環礁的氫彈試爆與第五福龍丸輻射汙染事件引起的反核子實驗活動，一九五〇年代是反基地、反美運動激昂的時代。[13]

對美講和與恢復獨立，也讓那些在美軍佔領下禁止擔任公職，或因戰犯嫌疑而被逮捕的政治家回到政壇。與吉田茂對抗的保守派政治勢力，以高漲的反美軍基地氣勢為後盾，批判吉田茂「對美一邊倒」的方針，主張自主外交、自主防衛、修憲以及重建軍備。代表人物為鳩山一郎、石橋湛山、蘆田均、重光葵、岸信介等人。其中鳩山、石橋與岸是在吉田之後肩負政權的政治人物。

鳩山、岸、重光這些反吉田勢力，正面批判吉田利用外國軍隊守衛日本的政策。鳩山等人主張應儘速組織自衛軍，終結外國軍隊駐留日本。

對此批判最尖銳的是以重光葵為黨主席的改進黨，而熱衷主張重新建軍的蘆田均前首相亦是黨員。改進黨創黨時所擬定的政策大綱中寫著：「若要恢復我國的獨立自主，應整備最小限度的自衛軍，謀求外國軍隊之撤出。」它主張建立自衛軍以撤出美國駐軍。甚至說到「正如同我們改進黨創黨以來一直主張建立自衛軍一樣，事實上由於本黨的主張，自衛隊才得以創立、美國才開始自北海道撤出。若吉田政府於媾和同時著手創立自衛軍的話，美國大軍早已撤退，顯然不會如現在一樣需要龐大的基地」，以此說明創立自衛隊為解決基地問題的方法。往後改進黨於商議自衛隊成立事項的三黨協議上，要求明確地反映自衛隊的軍隊特性，這也是因改進黨想迅速創立自衛軍之故。

不過，鳩山一郎和石橋湛山等人的重點與改進黨的重光葵、蘆田均等人不同。鳩山等人把修憲置於中心目標，對於重新建軍並沒有明確的方針。與此相較，蘆田認為應保有性質明確的軍事組織；在此後自衛隊創建之際，蘆田扮演了重大的角色。不論如

12 譯著：「內灘鬥爭」，發生於石川縣河北縣內灘村，反對美軍試射場的抗爭活動；「砂川鬥爭」，反對駐日美軍立川機場擴建的抗爭活動；「相馬原事件」，一九五七年一月三十日，美國士兵吉拉德（William S. Girard）在駐日美軍相馬原演習場，以加掛在M1步槍上的手榴彈套筒，向一名前來撿拾金屬彈殼、子彈的日本婦人發射空包彈，導致該婦人死亡。

13 譯著：一九五四年三月一日美國於比基尼環礁試爆水下氫彈，在附近捕魚的日本遠洋漁船第五福龍丸遭受輻射汙染，導致船員久保山愛吉死亡。此事件亦促成「哥吉拉」電影系列誕生。

何，反吉田勢力的想法整體來說，乃是透過保有自己的軍隊，並要求駐日美軍撤出並拆除基地。

儘管吉田政權以逐漸增加防衛力的方案試圖回絕美國增強防衛力之請求，但在重砲批判「對美一邊倒」的反吉田勢力之前，卻在國內政治遭遇困境。特別是一九五三年三月因「混帳解散」事件而於四月舉行的眾議院選舉結果，吉田率領的自由黨從解散前的兩百二十二席大幅減少至一百九十九席，儘管好不容易保住了第一大黨的地位，卻未能過半數。[14]吉田組成核心內閣，卻無法處理政權的不穩，因此不得不尋求與第二大黨——改進黨的合作。改進黨內有積極主張自主重新建軍的蘆田均，政府遂以蘆田為中心展開以實現重新建軍為目標的研究。

為了建立與改進黨的合作關係，吉田與重光兩位黨主席於一九五三年九月二十七日進行會談。儘管自由黨與改進黨的隔閡仍大，雙方仍暫且達成了「配合國力，樹立能即時因應駐留美軍撤離的自衛力增強長期計畫」以及「修改當前的保安廳法，將保安隊改為自衛隊做為對抗直接侵略的部隊」兩項共識。如此，這次會議成了自衛隊誕生的起源。

吉田—重光會談之後，保守三黨（自由黨、改進黨與日本自由黨）修正了保安廳法，進入成立自衛隊的談判階段。在保守三黨中，掌握主導權的是改進黨，特別是擔任要角的蘆田均。改進黨認為不用修憲也能重新建軍是可能的。以此想法為基礎，蘆田為了創建能夠應付直接侵略、明顯具有軍隊性質的組織而奮鬥。對此，由於不想讓政策被迫轉向重建軍備，自由黨不斷抵抗改進黨，意圖建立軍隊性質模糊不清的治安部隊來延續保安隊。保安廳的內局官僚們因恐懼制服組的壯大，導致保安隊中已成立的文官優位體制（「文官統治」）遭到破壞，也加入抵抗的行列。

當時有下面六項問題特具爭議，（一）國防會議的定位以及組成、（二）自衛隊的任務問題、（三）保安廳（防衛廳）升級為「省」問題、（四）是否要同時通過《防衛廳設置法》與《自衛隊法》這兩部法律、（五）統合幕僚會議設置問題、（六）內局幹部任用資格限制問題。除了第一項國防會議問題最後決定於設置防衛廳後再重新審議之外，其餘大多採用改進黨的主張，進而達到共識。

具體來說，關於第二項的自衛隊任務，決定明確規定為處理直接侵略。自衛隊遂

14 譯註：一九五三年二月二十八日，吉田茂於國會中與社會黨西村榮一雙方因外交政策發生激烈爭論，吉田憤而辱罵「混帳」，導致三月十四日不信任案通過，內閣解散，因此俗稱這天的內閣解散為「混帳解散」。

有了因應直接侵略與維持治安這兩項主要任務。這點與外國軍隊一樣。第三項先暫時擱置。第四項如同改進黨主張的，同時通過兩部法律。第五項則推翻設置時機尚早的論點，同意設置統合幕僚會議（簡稱統幕）。第六項，壓下內局反對的聲浪，廢除制服組不能就任內局幹部職位的資格限制。在自衛隊創設之際，三黨在「主要任務為應對直接侵略」以及「具備明確軍隊性質」的組織建立方向上達成共識。如此，一九五四年七月，防衛廳與陸海空自衛隊成立。從只不過是補全警察力的警察預備隊開始，日本總算成立了對抗外敵直接侵略的軍事組織。

二、戰後國防體制形成期的問題點

文人領軍

一九五四年七月，防衛廳與陸海空自衛隊成立。那麼，自衛隊的創立過程中浮現出來的問題為何？我將以今後與國家安全和防衛政策有密切關係的問題為中心來做檢視。

在創建比過去更具明確軍隊性質的自衛隊之際，為了不使戰前軍方支配日本的事情重演，自衛隊的出動被置於嚴密的法治體制之下。即使是對抗直接侵略的「防衛出動」，首相必須於事前或事後獲得國會的承認；就算是應對間接侵略的「治安出動」也必須取得國會事後承認。

不僅如此，為了在組織架構上使制服組無法專斷行動，於自衛隊成立之際就將警察預備隊成立以來的文人領軍原則加入制度之中。問題是，日本以文人領軍為原則建立的制度和歐美國家有所差異，成了一種文官（也就是內局官僚）擁有極大權限，而非人民。這種體制稱為「文官統治」。關於這點，讓我們稍做檢視。

防衛廳與自衛隊於成立之時的組織架構如圖二所示。保安廳時代制服組無法任職內局幹部的資格限制，在制定防衛二法之時廢除。[15]但是實際上並沒有錄用任何制服組人員——也就是錄用自衛官為內局幹部。而且，保安廳法第十條的部分，以同樣的內容成為防衛廳設置法第二十條，內局官僚遂取得了廣泛的權限。實質上，內局甚至能干涉原本制服組握有較多的部隊運用（也就是軍令事項）權限。[16]與各國的防衛機關相較，

15 譯註：即防衛廳法與自衛隊法。
16 譯註：運用，即英文的 operation，中文所稱的作戰。自衛隊因避諱與戰爭相關的詞彙，因而以「運作」代替作戰。

像這樣文官具有高度權限的機關肯定是種相當特殊的制度。

「文官優位制度」的形成與確立，背後有許多考量因素。第一，乃是舊內務省官僚的強烈意志，他們試圖阻止類似舊日軍的軍隊再次出現。這些官僚的中心人物為海原治，他歷任保安廳保安課長、防衛廳防衛課長、防衛局長以及官房長，在防衛廳內擁有強大的影響力並主導與防衛問題有關的各種措施。海原進入內務省後應召入伍，戰爭結束時擔任主計大尉，有過從軍經歷。加上他熟悉太平洋戰爭的歷史，因而對舊日本軍抱有強烈的批判。而且不只海原，往後擔任過警察廳長官、官房長官，與海原同期的後藤田正晴，以及多數與海原前後期的內務省官僚都對舊日本軍抱有反感。舊日本軍勢力滲透到戰後新成立的武裝組織，甚至新的武裝組織漸漸成為類似舊日軍的組織，對此，這些文官官僚們存有強烈的警戒心。

那麼，到底有沒有讓海原等人不得不抱持警戒心的事態呢？事實上確實存在幾件這樣的事情。前述服部卓四郎等人的活動並不僅只於警察預備隊的時代，在防衛廳與自衛隊創立時，他們也為了以參事官的身分參與國防會議而有所行動，在近年的研究中甚至發現，他們制定了暗殺吉田茂的計畫。服部本身最終無法與新組織有直接的關係，但在防衛廳組織改革問題上，服部的意見書被當成審議資料提出來。考量這些事情，服部

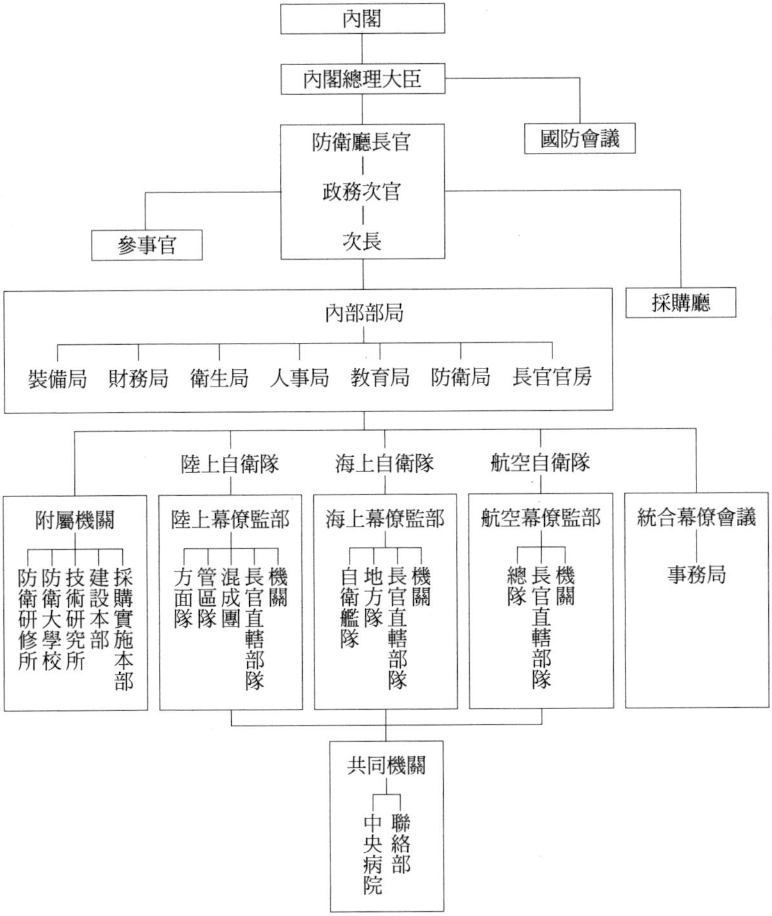

圖 2　防衛廳初期組織圖　　（出處）《防衛廳十年史》

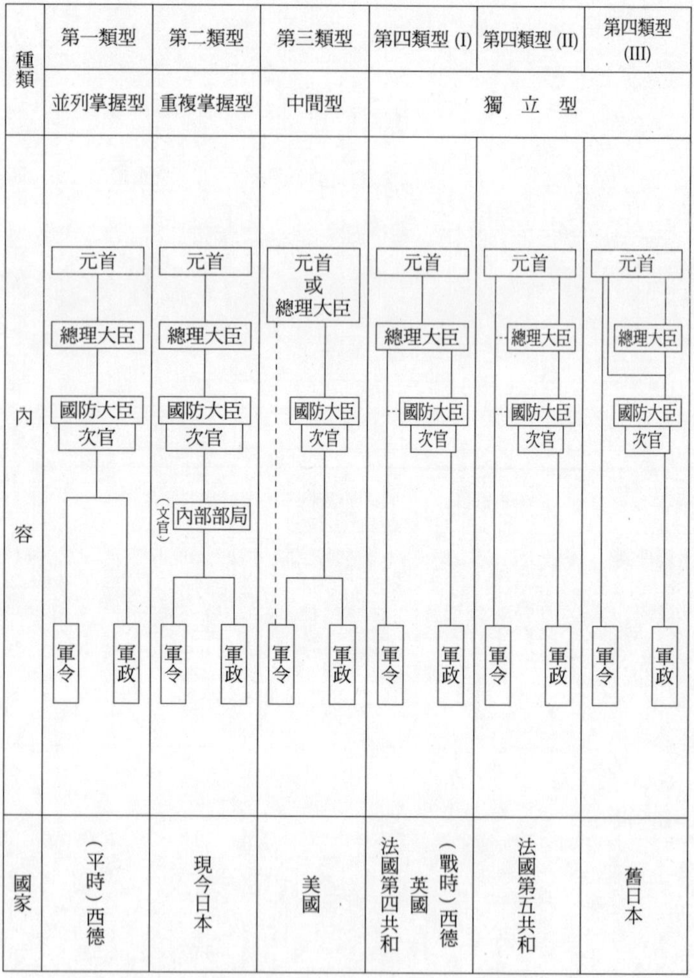

圖3 軍政・軍令關係的類型(1960年左右)

等人如同舊陸軍的亡魂時隱時現，這勢必喚起了海原等人的警戒心。

海軍也有同樣的問題。毋寧說，舊陸軍的影響力一直被阻絕在戰後成立的組織之外，但若檢視從海上警備隊到海上自衛隊的過程，也可說是正如舊海軍復活一般。舊海軍大佐、中佐官階等所謂中堅幹部的海軍軍人，自始就參與並負責警備隊以及海上自衛隊的創立；而與美國合作，針對重建海上部隊採取行動的野村吉三郎前上將、保科善四郎前中將，前者成為參議院議員，後者則成了眾議院議員。自民黨成立後，兩人均成為該黨國防部會的核心並且從事相關活動。

保科甚至和日本經濟團體聯合會（簡稱經團連）首屆會長石川一郎私交甚篤，因而加深了與財團的關係。經團連防衛生產委員會和以保科為中心的自民黨國防部會有著密切的關係，足以影響自衛隊的裝備計畫。關於這點，海原有如下的敘述：

「（略）以我負責的部分來說，自民黨的國防部會在決定由誰生產『勝利女神』與『鷹式飛彈』時，直接指定廠商一家為三菱，一家為東芝，是以這樣的方式做決策。『究竟是如何做出這種決定的呢？』在國會被質詢時，不是由我而是另一位經理局長答辯，他說『我也知道有這樣的決議』。（略）這麼說來，就好像由自民黨的運輸部會來

決定國家鐵路車輛採購似的。（略）這種事情也是使各種國防武器生產問題混亂的原因之一。」（《海原治口述歷史》）

過去歷史上也曾有重量級政治人物涉入採購新型戰鬥機的醜聞，如以「格魯曼事件」、「洛克希德事件」為代表，稱為「FX商戰」的事件。不只是新型戰鬥機，國防裝備的採購如雷達系統、導引飛彈因所費不貲，容易成為醜聞的溫床。海原等人認為，新成立的防衛廳與自衛隊必須要在「乾淨」的環境下發展。從這些防衛官員的角度來看，會對那些徘徊在防衛廳與自衛隊周圍的政治人物抱有危機感，也就不難想像了。

且說，內局官員對保安廳甚至防衛廳與自衛隊創建的過程雖握有主導權，但另一方面，政治上無法對自衛隊的存在樹立明確方針，任憑其隨波逐流，這也是讓內局官員取得更大權利的關鍵因素。從警察預備隊到自衛隊，都是在吉田政權內完成的，吉田的想法對於重建軍備來說無疑是重要的。但實際上吉田茂必須投入心力在如何於戰後和平憲法下建構國防，也就是日美安保體制的建立。簡單地說，由於吉田茂的想法是把美軍當作日本國防的基礎，再漸進地重建日本軍備，故他沒有餘裕具體討論該如何在放棄戰爭與交戰權、否認戰力的和平憲法下建構「軍事體制」。吉田茂明確地反對如同舊日本軍一般的軍隊，他指派慶應義塾大學的槙智雄擔任保安大學校校長，推行重視人文素養的教育，並在可能的範圍內親自參與，但終究有其極限。[17]

另外，對內局那種枝微末節管理方式，在當時就有所批評，因此才開始討論導入仿效自美國國防部助理部長制度的「參事官制度」——以政治任命的方式任用輔佐防衛廳長官的幕僚。[18]詳細的經過礙於篇幅在此省略，但最終因內局幹部的反對，改採取由官房長官以及局長兼任參事官的曖昧制度。輔佐防衛廳長官的任務，就由身兼參事官的內局官房長或局長來執行。諷刺的是，此制度的導入不但沒有改變內局官員在防衛廳內的至高地位，參事官制度（二〇〇九年廢除）反倒成為文官統治的象徵。

自衛隊的角色為何？

也許讀者知道下面這些用來描述陸海空自衛隊不同組織特性的說法：

17 譯註：「大學校」有別於日本「學校教育法」所規定的「大學」。一般來說必須符合學校教育法的規定，才能稱為「大學」。各機關為了培養各自人才而設立的大學，由於不是基於學校教育法，故只能稱之為「大學校」，現今的「防衛大學校」便是一例。

18 譯註：Assistant Secretary of Defense。

陸上自衛隊——準備周到、動脈硬化
海上自衛隊——墨守傳統、唯我獨尊
航空自衛隊——勇猛果敢、支離破碎

當然也有些別於上述的版本，甚至也有「統幕—高官高位、權限皆無；內局—優柔寡斷、本末倒置；記者—才疏學淺、渾然蠢蛋」這種比喻。這似乎是以前國防記者的創作。不論這些比喻究竟有多少能說中自衛隊各軍種的本質，但陸海空自衛隊確實在建軍的過程、組織的性質上有所差異。陸上自衛隊前身為一九五〇年的警察預備隊與一九五二年的保安隊。海上自衛隊歷經海上保安廳海上警備隊、保安廳警備隊後成為現在的海上自衛隊。航空自衛隊則於自衛隊成軍時同時成立。

重點在於，各自衛隊成立之時，與舊日本軍的關係各有差異，相關人士也有所不同。如前述，自警察預備隊起，陸上自衛隊就是以盡量減少舊日本軍的影響力為方針來創建、運作。海上自衛隊是在與舊海軍軍人緊密的關係下成立與茁壯。新設立的航空自衛隊是由舊陸海軍航空部門人士以及美軍協助下誕生的，參與者原本就來自於海軍與陸軍雙方，舊日本軍的影響力並不大。

陸海空自衛隊創立的歷史脈絡、涉及人士也不同，因而在各自的組織文化上亦大相徑庭。陸海空各部隊內有著獨立的文化，因而產生不同的戰略思想，但這並非自衛隊才有的問題，乃是全世界軍事組織共有的現象。戰前帝國陸海軍之間的不睦相當出名，戰爭期間的各種對立也廣為人知。為了防止戰前陸海對立的事態，戰後建校的保安大學校（之後的防衛大學校）採取共同課程，不在學生時代劃分陸海空軍種。

那麼問題到底是什麼呢？那就是陸海空有著各自不同的國防思維。陸自與空自以日本本土防衛為中心；海自則以護航以及與美軍合作的三海峽（對馬、宗谷、輕津）防衛為主要念頭，不以本土防衛為首務。經常需要面對的「聯合作戰」課題，對三自衛隊來說也並非易事。

思考防衛政策問題時，制訂長期計畫是相當重要的。姑且不論步槍與車輛，自衛艦也好、飛機也好，這類高科技結晶的武器裝備需花費數年來完成，個別的單價也不菲。若要有效地分配有限的預算，用以擴充裝備和強化部隊的話，一份橫跨數年度的長期計畫無論如何是有其必要。為了彙整長期計畫，需有作為前提的國防基本方針。日本該防備何種敵人？又該如何防衛？一旦發生事情時，陸海空各自衛隊要完成什麼樣的任務？為此，又需要什麼樣的裝備？基本方針即是對上述問題的基本想法。

制訂這類長期計畫的必要性，其實早在保安隊成立後不久就有人提倡。當時日本正思考如何回應前述美國要求增強防衛力的課題，同時因韓戰而萌芽的日本國防產業對長期計畫也有所期待。但即使是做為長期計畫基礎的國防計畫，也需思考該以陸海空何者為中心組成戰力。然後，在日美安保體制前提下，長期計畫依賴安保體制的程度為何？若全面依賴日美安保，也就是把美軍當作日本國防的主角，那麼自衛隊的任務範圍就會被縮限到最小，其規模與戰力也隨之縮小。另一方面，若美國無法全面防衛日本，自衛隊的任務範圍就會變大，與其相應的規模與戰略也有擴大的必要。根據當時的議論，若是防衛日本，海自與空自應扮演較重要的角色，此一論點在當時也佔了上風。

最後，與各部門協調上述問題，同時制定考慮到財政方面的長期計畫，這份工作就只能交給全面負責國防行政、並擁有高度權限的防衛局防衛課。

但是，另有一個單位能夠制定長期計畫：統合幕僚會議。統幕議長（相當於國軍參謀總長）位居陸海空自衛隊的最高地位，原本就應身負整合各幕僚監部的任務。但實際上從自衛隊成立起，統幕的權限就受到縮限，無法協調三自衛隊的意見並統整出一份長期計畫。關於這段時間的情形，時任防衛一課課長，負責彙整長期計畫的海原治有著以下的回憶。有次，他曾經以防衛廳長官的名義向統幕要求製作彙整長期防衛計畫，但卻得到林敬三統幕議長口頭回覆表示無權辦理。海原心想當時應該要求統幕以書面答覆，做為只有內局可以制訂長期計畫的證據。無論如何，防衛廳與自衛隊成立之時，制訂長期計畫這項最重要的工作就由內局（防衛局）接下。

如此，長期防衛計畫的制訂便由防衛局防衛課擔綱，並且於岸信介內閣時期完成「國防基本計畫」（一九五七年五月二十日）與「第一次防衛力整備計畫」（同年六月十四日）。鳩山內閣時代的外相重光葵以美軍全面撤出日本為目標，並與美國進行修訂安保條約的企圖最後以失敗告終。一般認為岸首相記取此次教訓，明確表達自己重視日美安保的態度，一方面也向美國出示具體的自衛力整備案，試圖實現美國撤出地面部隊一事，並大幅改善基地問題。同時也意欲從中獲得修改日美安保條約的門路。因此為了配合他自己訪美的時程，岸急迫地責成制訂「國防基本方針」以及「第一次防衛力整備計畫（簡稱一次防）」。這兩份計畫內容為何呢？首先來看「國防基本方針」。

「國防基本方針」是由下面四條簡短項目組成：

（一）支持聯合國的行動，謀求國家之間的協調合作，期望實現世界和平。

（二）安定民生、提高愛國心、建立保全國家安全的必要基礎。

（三）在符合國民國情以及自我防衛上必要的限度內，漸進地整備具有效率的防衛力量。

（四）面對外來侵略，為使聯合國能發揮有效阻止侵略的機能，將以與美國簽訂的安保條約為主要精神來應對（劃線重點為作者所加）。

重點在於第四項所示，以日美安保為主要精神的方針，這也成為往後日本國防政策的根本。據此，日美安保中心的方針逐漸明朗，也為岸信介修正日美安保的目標打下基礎。不僅如此，過往自主性較強的國防理論也同時被封印。制服組內的主流意見是高自主性國防理論；所謂高自主性國防理論，是從軍事的角度來看，日本無法完全在國防上依賴日美安保，故應致力於建構對日本國防有更多貢獻的防衛力量。若是如此，制訂長期計畫的主導權有可能掌握在制服組手中。但是制訂「國防基本方針」的海原認為「基本上沒有國家會攻打駐有美軍的日本」，就算真有那種事「也只能交給美國山姆大叔別無他法。日本並沒有那種能力。當下並沒有」（《海原治口述歷史》）。海原治的想法可說是盡其地低估自衛隊的能力，並以此為前提依靠日美安保。站在這種立場後，就能強力主張日美安保，壓下制服組可能增大的發言權。

「國防基本方針」尚有另一個重要意義。如第三項所明示，國防計畫要考量到政治狀況，特別是財政情況。制訂防衛力整備計畫時，自然會考量財政問題，但特別將考慮財政狀況一事寫入日本國防基本方針之內，代表財政觀點將經常佔有重要地位。「國防基本方針」制訂後推出的「一次防」，也以冗長的文字表現對財政的考量：「需時常留意勿危害經濟安定，特別是每年度預算若趨向增加，要考量財政狀況，同時顧及與其他民生措施的平衡，彈性地制訂計畫。」

在「國防基本方針」與「一次防」中明確化的日美安保中心主義，以及重視財政的觀點，兩者在訂定以高自主性國防構想為基礎的國防理論上，有很大的影響。據此，制服組的發言權受到壓抑，防衛政策中「文官優位」的體制也更加明確。

憲法與國家安全政策

如前所述，憲法九條與自衛權問題在審議新憲法之時，除了「蘆田修正」之外，並無深入的議論。警察預備隊亦如前述，由於其在法律定位偏向「警察」性質，並沒有衍生出太大的問題。憲法九條問題廣為人所熱議，乃始自媾和獨立後，保安隊與自衛隊設立之時。當時輿論正熱切討論修憲問題，而憲法與獨立後日本的未來方向亦有關連，遂成為重大議題。

而對於自衛權、自衛隊的合憲性，以及自衛隊與「戰力」的關係所作出的政府官方解釋，主要是在鳩山內閣時代，林修三內閣法制局長任內完成。早在鳩山內閣成立前的一九五四年十二月前，就有關於憲法九條與自衛隊的議論，對此上任後的鳩山政府便提出官方解釋。這是因為，對吉田政權採取批判態度的鳩山一郎本身認為吉田內閣對憲法九條的解釋並不恰當，但鳩山既然當上首相成立政權，其對憲法的解釋必然受到質問。

鳩山政權的官方解釋如下（林修三《回憶法制局長官的日子》）：

（一）憲法並沒有否定自衛權。

（二）為了自衛以實質武力抵抗他國的侵略，與為了解決國際糾紛而放棄戰爭，實乃兩回事。憲法並不否定這點。

（三）為了自衛所需，建立自衛隊那樣必要實力的部隊，並肩負自衛任務，並不違反憲法第九條。

（四）若稱呼以對抗外國侵略為任務的部隊為軍隊，那自衛隊可算是軍隊；即便如此，自衛隊的存在並不違反憲法。

（五）自衛隊雖然不違憲，但社會對憲法第九條有許多誤解，故需在適當的時機考慮修憲。

在吉田政府時代，為了應對警察預備隊、保安隊與自衛隊的組織擴大，釋憲也隨之寬鬆。過去，鳩山一郎做為反對吉田茂的代表，並對釋憲批判有加。但鳩山組閣後，在短期內無法修憲的政治環境下，他因此採取了與吉田政權相同的步調。保守政治勢力對憲法與自衛權的認識，便是在這個時期形成。此後，執政黨要求閣員們在國會答辯時不可脫離官方見解的範圍；而比起直接討論憲法議題，在野黨議員們更偏好在閣員的答辯中找語病等細瑣事情。這種情形在「五五年體制」下逐漸穩定成形；在憲法與日美安保體制之間互相協調的一九六〇年代更加穩固。這產生了一種戰後日本特有的狀況，即日本的國家安全政策始終是在憲法架構下進行法律辯論。

在此先換個話題。前文提到的「戰力」究竟為何？這產生了一個問題：憲法禁止的戰力不就是自衛隊本身嗎？從小到美軍的二手步槍，大到裝備了戰車與大砲、軍艦或戰鬥機的部隊不都等同於「戰力」嗎？對此，政府官方對戰力的定義從「具備遂行近代戰爭能力者為戰力」，最後轉變成「超過自衛所需最小程度的力量者為戰力」。這解釋不但抽象也難以成為明確的基準，但無論如何，自衛隊的定位並非屬於戰力——即不屬於軍隊。至今為止，自衛隊在法律上仍被視為非軍隊的國土防衛組織。這種觀點在冷戰時代尚無問題，但冷戰結束後，自衛隊實際於海外從事活動時，便產生了各種複雜問題。這點將於第四章討論。

與上述相關，另一項重要問題為「專守防衛」。做為和平憲法下指示日本國防方針的概念，「專守防衛」已成為主流思想。這詞彙於自衛隊創建時期就存於國會議場，但正式使用於一九六〇年代。該詞做為一種方便的政治用語，藉以說明戰後和平主義下日本對國防的態度。最終《防衛白皮書》也採用「專守防衛」一詞，把它當作日本國防政策的基本方針並持續使用。只不過，在軍事戰略的術語中並無「專守防衛」一詞。雖有「戰略守勢」的說法，但像「專守防衛」那樣等待對手攻擊，而且僅做最小限度的抵抗，在軍事戰略上是無法想像的。在戰後和平主義氣氛下，原來只是政治用語的「專守防衛」卻被當作基本防衛政策，這可說是日本防衛政策的困難之處。

另外，自衛隊雖然是以本土防衛為主要任務而生，但在此卻有兩點問題。第一乃是前述陸海之間國防構想的差異問題，第二則是補足自衛隊戰力的組織之必要性。前者將於第二章詳述。至於後者，曾有一部份的政治家與官員鼓吹「鄉土防衛隊構想」。例如，鳩山內閣的砂田重政防衛廳長官曾向記者說過的「砂田構想」，其中便包含了鄉土防衛構想。這是砂田重政自己突發的構想，事先並無向行政官員商討過，但並不是只有砂田一人認為新建的自衛隊不具備本土防衛的實力。

例如人稱「防衛廳的天皇」的海原治也抱有國土防衛隊構想，並在許多著作中提及。日本缺乏縱深，同時又擁有廣大的海岸線，可說是易攻難守。對兵員有限的自衛隊來說自然無法全面覆蓋。若要貫徹本土防衛，就必須像瑞士那樣進行全領土要塞化，但現實上並不允許。以最低標準來說，若國民沒有守護國家的決心，防衛日本也就不可能了。由這些想法衍生出來的，就是所謂的國土防衛隊。當然，對瀰漫著戰後和平主義的日本來說，這是無法實現的。但海原治日後仍持續主張國土防衛隊構想。這種想法，其實也是一種在理論上補足「專守防衛」所導引出的結果。

所謂的專守防衛，也可說是一種把國土當成戰場的思想。原本所謂防衛戰略的意義，是以如何不讓敵人侵略國土為前提。在國土「主權線」之外設置具有緩衝地區性質的「利益線」的想法，便是這樣子來的。現今國際上雖然無法在本國以外設置利益線，但以不讓外敵入侵國土為首務的防衛政策並沒有改變。但是日本的防衛政策，卻是讓領土成為戰場。若領土的一部份成為了戰場，居住於此的居民們將如何守衛家園呢？而自衛隊又該如何行動呢？我將在下面章節另行討論。

第二章

五五年體制

——國防理論的分裂與高漲

一、日美安保條約的修訂與自衛隊

「五五年體制」成立的意義

一九五五年，分為左右兩派的社會黨再次統合，成立統一社會黨；為了與之對抗，保守的自由黨與民主黨結合，成立自由民主黨。「五五年體制」的成立，讓保守與革新兩派在國家安全政策上的對立更加明確。簡單地說，就是贊成或反對日美安保、認同或不認同自衛隊這類的對立。保守勢力的自由黨與民主黨，前者反對修憲與重建軍備；後者則贊成。如同保守勢力，革新勢力內部對於和談與重建軍備也存有各種不同意見，並不是一開始就口徑一致反對日美安保與重建軍備。對於如何看待講和與日美安保問題，革新派的社會黨分裂成左右兩派，由此可知在美軍佔領期間確實存在著各類不同意見。

儘管如此，同黨內各種不同意見，卻埋沒在保守與革新兩大勢力的對立之中。在五五年體制之下，由於兩派人馬對國家安全的基本想法完全不同，也就無法進行建設性的討論。也就是說，對於日美安保體制的內容，或自衛隊的運用等議題，就算保守派想要進行討論，革新派卻在「戰後和平主義」的氛圍下，認為一旦對這些問題進行討論，等於是承認了日美安保與自衛隊，故拒絕與對手坐下協商。在野的革新勢力以日美安保有可能引發的「被迫捲入戰爭論」，或是與整備防衛力量有關的問題點，甚至是對外洩漏「軍事秘密」，做為在議會中的攻防戰術手段。在這樣的國會中，人稱社會黨「安保七人眾」的橫路節雄、松本七郎、飛鳥田一雄、剛田春夫、石橋政嗣、黑田壽男、西村力彌成為明星般的人物。往後也有上田哲、楢崎彌之助與大出俊這些有著「炸彈男」綽號的政治人物，屢屢破壞國會審議並博得大眾喝采。從現在的角度來看，審議國家安全政策的議會有這種問題可說是處於極其嚴重的狀態。

安保修訂與基地問題

一九六〇年修訂的新安保條約，確實改善了舊安保條約中「片面的、非自主的」的缺點。但是新安保條約並沒有處理「基地與軍隊的交換」這個日美安保體制的基本結構。因此一九五〇年代反美運動象徵的駐日美軍基地，並沒有在新安保條約締結後急速消逝或整合。毋寧說，在一九五七年岸信介與艾森豪會談後，部分美軍雖撤離日本，但此後不論是人員或基地數量、面積的規模都維持在一樣的水準。也就是說，新安保條約的締結並沒有解決基地問題。事實上，駐日美軍基地的縮編，只是美國全球駐外基地縮減計畫的一部份。美國參謀首長聯席會議在岸信介訪美前就已判斷可以減少駐日美軍。岸首相也汲取重光葵外相修訂安保失敗的經驗（一九五五年），以撤出地面部隊這類美國可以接受的條件範圍內處理基地問題，同時修訂日美安保此一日美關係不平等的根本所在，這些都是為了爭取至少與美交涉時的一些對等性。

另一方面，美國自一九五八年二月起，到一九六〇年一月之間重新審視了對日政策，並且認為日本無法以自身的力量防衛本國，美軍需在遠東展開部署。而時隔五年後推出新的編號 NSC6008/1 對日政策報告，也從軍事的觀點舉出作為後勤和基地所在國的日本對美國的重要性。也就是說，就算簽訂了新安保條約，對美國來說日本的美軍基地，其重要性仍持續存在。如此，就算時間推移到一九六〇年代，基地問題這個日美衝突的火種依然殘存。

不過，岸信介政權瓦解後，聚集於「反安保」的能量急速消失，承襲岸信介的池田勇人也採取了低姿態策略，反基地運動此後也暫時沉靜下來。美國甘迺迪政權成立以及艾德溫・賴肖爾（Edwin Reischauer）大使的到任，這些都有助於日美關係的改善，因此一九五〇年代激烈發展的反基地運動，在一九六〇年代前半期意外地銷聲匿跡。

順帶一提，由於美軍地面部隊撤出，使得美軍基地數量縮減，導致美軍的基地問題也跟著減少。但另一方面，美軍基地轉做自衛隊基地，以及隨著基地周邊都市化而產生的公害逐漸取代成為新的問題。一九六〇年代前半正好是上述問題的轉換期，因此基地問題的沉寂並沒有維持太久。以美軍核動力潛艦靠港問題為開端，以及美軍正式介入越戰、「被捲入美國戰略」的論點也再度高漲。一九六〇年代後半，情況丕變，基地問題再度成為日美之間的懸之未解的難題。

對自衛隊的影響

在此要探討的是安保條約的修訂與國防政策的關係，特別是安保與自衛隊的關係。岸信介所推行的安保條約修訂，是盡可能地削除舊安保所持有的不平等性。關於這點，可以肯定他是成功修改了安保條約。不過，從安保條約的修訂，以及之前修正《警察官職務執行法》的過程中可以看出，岸信介強橫的政治手法。加上他過去曾擔任東條英機內閣閣員，因此被懷疑為戰犯而遭到拘留的經驗令人反感等因素，引發了「安保騷動」——在民族主義高漲背景下的強烈反抗運動。這影響了日後的國防政策與自衛隊的存在方式。

首先，做為政治與自衛隊的關係而被提出來討論的，是與動用自衛隊有關的問題。安保修訂後，岸信介安排了艾森豪總統訪日。但他看到反安保運動升溫，對於艾森豪訪日時的維安感到不安，又從警察方面得到他們沒有自信做好維安工作的答覆，故而向防衛廳長官要求自衛隊「治安出動」。關於出動自衛隊一事，以岸首相為首，包括左藤榮作藏相、池田勇人通產相、甚至自民黨秘書長川島正次郎，這些可說是政權的核心人物都表達出積極的態度。[1]他們在安保騷動時，一同對出動自衛隊採取積極態度。

在商討自衛隊成立的三黨協議時，吉田的自由黨認為要盡量避免成立「對抗直接侵略的軍隊」這類性質明確的部隊，主張延續保安隊「對抗間接侵略」的形式。當安保騷動熾熱之際，維安當局認為，該騷動近似於國際共產在背後支援的間接侵略。而佐藤與池田等吉田直系的政治家並不反對在這樣的情況下對自衛隊下達治安出動的命令。[2]

對於政治家們出動自衛隊的請求反對到底的，乃是防衛廳。根據當時防衛廳長官赤城宗德的回憶，防衛廳內不論是文官或制服組一律反對出動。另一方面，當時的防衛局長加藤陽三則回憶，赤城長官最初的想法是，自衛隊可能被迫出動。若是如此，政治家們對出動自衛隊是採肯定態度；防衛廳的文官與制服組則予以反對，他們的態度反而比政治家更為謹慎。最後，自衛隊並未出動，艾森豪取消訪日行程，岸內閣靜待新安保條約生效後便內閣總辭。因防衛廳的反對而免於出動自衛隊一事，在往後探討動用自衛隊問題上，作為成功案例而為人傳頌。也就是說，沒有動用自衛隊這個結果，被認定為正確的決策。即使如安保騷動這般情況都無法出動，往後政治家在動用自衛隊的態度上也就更加慎重了。另一方面，防衛廳官員阻止了政治人物輕率的決策，這加深了他們才是國防政策中心的自信。

國防構想的分裂

安保騷動的影響也波及到陸上自衛隊的防衛方針。早在安保騷動之前，一九五七年岸信介與艾森豪的會談後就已決定撤出美軍地面部隊，這使得反基地運動的矛頭有轉向陸上自衛隊的趨勢。根據安保騷動時位居陸上自衛隊最高位階——陸上幕僚長（相當於國軍陸軍參謀長）衫田一次的說法，當時反安保運動的代表，例如反政府活動、反基地運動或是三池爭議等勞工運動背後有著國際共產主義（蘇聯或中國）的支持，呈現出宛如「革命前夕」般的情勢。[3]由於自身的基地與訓練場所直接面對著反抗運動，陸上自衛隊對國內治安問題的關注也急遽升高。

而且，舊安保條約中的「內亂條款」——安保重訂談判中的重要處理項目——已

1 譯註：藏相，即大藏大臣，大藏省的領導。大藏省已於二〇〇一年改編為財務省，相當於我國的財政部。通產相，即通商產業大臣，通商產業省的領導。通產省已於二〇〇一年改編為經濟產業省，相當於我國的經濟部。

2 譯註：出動自衛隊的法律根據之一，意指當發生一般警察無法應付的重大治安狀況時，出動自衛隊予以應對。治安出動分成兩種，一種是由內閣總理大臣直接下令；一種是由地方政府向中央提出要求。武器使用基本上比照《警察官職務執行法》。相對的就是「防衛出動」。

3 譯註：發生於一九五九到一九六〇年間，三井三池煤礦的罷工事件。

被刪除。該條款規定「為了鎮壓日本國內，因一個或兩個以上的外部國家教唆或干涉引起的大規模內亂及騷動」可以出動美軍。該條款實在像是在處理殖民地，因而成為批判的對象。廢棄這項條款，壓制大規模的內亂與騷擾就成為日本的責任。若是發生內亂，以警察的力量並無法應對，故而重訂安保條約後，自衛隊面對國內治安問題的責任更加沉重。實際上，如同我們在安保騷動所見，當國內治安惡化時，陸上自衛隊便將自身的重要任務設定為國內治安問題與應對間接侵略。這種一邊應對間接侵略與重視國內治安的方針，一邊關注著一九七〇年安保自動延長的問題，成為了一九六〇年代陸自的基本方針。

但是矛盾的是，在安保騷動中放棄出動自衛隊後，日本就未曾考慮在實際的治安對策中出動自衛隊，警察反而成為了處理治安問題的中心。日本政府擴大「機動隊」——以配備最新裝備並集中出動為前提，這是他國警察所沒有的警察組織，並用來處理六〇年代以學生運動為首的各種問題。

另一方面，海上自衛隊的方針則完全不同。其差異顯現在海上護衛問題和重視反潛作戰。如同成立之時就獲得美國海軍的支持，海上自衛隊把與美軍的合作當成自己作戰行動的前提。也就是一種「做為美國海軍補足性角色」的自我定位。其象徵為封鎖對馬、津輕、宗谷等海峽，使蘇聯無法進出太平洋的作戰構想。太平洋戰爭時，日本的物資供給被美國以潛艦為主力的海上補給線破壞作戰所切斷。從這個教訓以及和美國海軍合作的課題為思考，海上自衛隊把反潛作戰當作自身主要任務，並以此培育部隊。海自的方針，決不是以侵略事態時的沿岸防禦為中心。

以上陸自與海自防衛方針的不同，也造成各自與美軍關係之極大差異。也就是說，像陸自那樣著眼在日本本土的間接侵略與治安對策，則和美軍共同行動的可能性較少。不只是治安對策，隨著美軍撤離，將兵力重點配置在北海道的「北方重視戰略」也進一步地成為基本戰略。在本土防衛方面，陸自的基本任務是全力抗敵直至美軍來援。反觀海自，最初的基本方針就是和美國海軍共同行動。因此在海自這方面，很早就以相當高密度的頻率和美國海軍實施共同訓練，故雙方往後也保持著緊密關係。

主要負責防衛政策制定的內局，特別是海原治等人並無法接受海上自衛隊這種思維。海原斷定，海上自衛隊主張的海上護衛根本難以實現，應以沿岸防禦以及近海護衛為任務即可。因此，只要大量配備如飛彈快艇等沿岸警備用小型船舶就夠了，直升機航艦之類的船艦根本沒有用處。故而只要海原尚待在內局的一天，海自希冀的裝備就會被擋下。

二、戰後和平主義與自衛隊

戰後和平主義的穩定形成

此小節將探討環伺在自衛隊周圍的社會狀況相關問題，這應可稱為軍民關係。在思考此問題之時，得先觀察的是關於國防問題的輿論走向。不用說，戰後的日本是以民主主義國家的身分重建。在民主主義制度下，一般國民的意見反應到政治現實上的程度多寡，是相當重要的問題。在人民的各種意見中，至少，政治家不可能採行忽視多數人民意見的政體。由於日本戰後形成的和平主義對軍事有著強烈的抗拒反應，結果導致整個社會無法對防衛政策進行具體討論。這種狀況也可理解成是日本社會的一種常識。

確實，日本於戰後形成了一種可稱為「戰後和平主義」的堅定思潮。在討論包含軍事在內的防衛政策時，這思潮無疑地在各種意義上發揮了強大的影響。但是當我們詳細研究戰後進行的討論後，可發現實情並非那個經常被提起的模式——五五年體制下所定型、「保守對革新」的單純對抗。進一步說，「戰後和平主義」也不是戰後立即產生的。首先，我們來研究以政論為中心的輿論界，再來看以民意調查為主的一般國民看法。

戰敗後，《中央公論》、《改造》這兩本雜誌復刊；岩波書店則發行《世界》雜誌。在當時缺乏紙張印製雜誌的狀況下，這些綜合雜誌對輿論有相當大的影響。若把復刊的《中央公論》與新發行的《改造》作為具代表性的綜合雜誌，解讀它們戰後各期的目錄，我們可以發現這些雜誌的首要主題，是從戰火導致的荒廢中重建起來。從佔領下的生活和每日都缺乏食物的這點來看，要立即對和談獨立後日本應有的國體進行深度議論，是相當困難的。

且說在美軍佔領下，戰前舊日本軍所施行的計謀與各種問題（也包括「南京事件」等後來引發爭論的問題）在東京審判時曝光，[4]輿論因而對舊日本軍的反感與批判愈發強烈。佔領軍執行的審查與宣傳助長了這種傾向。「特攻」這個極端奇特的自殺攻擊、自東南亞廣大的太平洋島嶼戰場中生還回國的士兵、逃過日本內地空襲甚至原子彈轟炸的一般平民等，許多人都批判戰前的軍國主義，他們自然是經歷過悲慘的戰爭經驗。

另一方面，對新憲法持有同感以及佔領政策所施行的「民主化」使得勞工運動擴大，社會主義勢力顯著地擴張。其中一項結果即是一九四七年誕生了以片山哲為首的

4 譯註：即「南京大屠殺」。

社會黨內閣。雖然佔領政策因「二・一總罷工」的停止，以及冷戰加劇有了變化，但一九五〇年七月「日本工會總評會議」成立，勞工運動穩健地成長。[5]「保守對革新」的政治對立基本構造，在與美國協商和談之時就已經形成。這些勞工運動肯定也反映在對和談問題的看法上。以對美和談為分水嶺，日本的政論界也逐漸分裂成許多團體。

例如，對戰後和平理論有重大影響的「和平問題談話會」便以下述觀點出發：原子彈與氫彈這種「超級兵器」的出現，使得「戰爭的破壞性成了令人可畏的巨大存在，不論多麼崇高的目的，多麼重大的理由，都無法讓戰爭正當化」以及「如今，戰爭無疑是地球上最大之惡」。該會認為日本不可捲入美蘇對立，必須保持中立。因此他們主張「全面和談」，同時反對在日本設置美軍基地。

上述內容據說成了「全面和談論」的支柱。[6]這是一種與一九五一年九月和舊金山和約同時生效的日美安保條約完全對立的想法，往後成為革新政治派所主導、批判安保條約的論點基礎。重點在於，這種中立論於舊金山和約簽訂後仍廣為人所主張，甚至高漲到美國都不得不拋出重新簽訂安保合約的程度。若說中立論與日本防衛政策以及自衛隊有什麼關聯的話，那就是該理論與之後社會黨強烈主張的「非武裝中立論」有所相關。從中立論的登場到「非武裝中立論」，它們共同持有的想法是對軍事的強烈否定感。

和平問題談話會是由五十五位知識分子所組織而成。雖然當初安倍能成、蠟山政道等戰前知名的知識份子曾經加入，但他們最終還是與該會保持距離。往後的核心執筆者逐漸轉為更年輕一代的丸山真男、清水幾太郎以及都留重人等人，他們之後被稱為「進步文化人」。安倍或小泉信三這些戰前派古典自由主義者最終成為保守派，並對《世界》雜誌所主張的論點嚴加批判。這些轉變的契機在於有關對美和談問題的爭辯。聚集於《世界》雜誌的評論者們積極地推廣前述的中立論，於是該論成為一九五〇年代到六〇年代，日本和平理論的具體形貌並為人所提及。

重要的是這些所謂「進步文化人」的主張。他們就算不承認自己支持共產主義，但多數對「反共主義」採取反對的態度。在冷戰時期持有那種立場，意味著他們對社會主義陣營的友善態度。這種對「共產主義」，或現實的共產主義國家如蘇聯與中國的認知，成為了區分「進步文化人」與其他知識份子的分水嶺。戰敗後的一陣時期，曾有不

5 譯註：由共產黨等勞工團體預計於一九四七年二月一日舉行的全面罷工，最後因麥克阿瑟強力介入而被迫中止。
6 譯註：這種理論主張應與中國、蘇聯等交戰過的國家一同簽訂和約，而非單獨對美國簽訂。

少「徹頭徹尾美化蘇維埃政府的作為，主張蘇維埃國家為和平思想化身的和平思想」（鶴見俊輔，〈解說 和平的思想〉，《戰後日本思想大系4》，筑摩書房）。但即使如此，當匈牙利動亂時，日本的知識份子不將動用軍事壓制的蘇聯視為問題，反而認為追求自由的匈牙利才是問題根源，並以此大發議論。時序來到六〇年代，日本的情況仍是「馬克斯主義依然佔多數，模糊不清的社會主義信仰仍廣泛流傳」（本間長世，《現代文明的條件》，鑽石社）。

做為日本和平主義的具體內涵，中立論廣為盛行，但仍有問題有待釐清：多數國民理解中立論的詳細內容嗎？又，國民們是否也贊同此論呢？也就是說，民意調查的結果與「進步文化人」在政治論壇中所進行的討論，並不一定完全相符。另外，在革新陣營內部也存在著反對「全面和談」同時又與保守派對抗的勢力；這就如同前述社會黨左右分裂所象徵的那樣，在革新勢力內部有著不同的主張。重點是，在社會主義者當中，主張社會民主主義的人其實是反對中立論的。這些社會民主主義者最終在國家安全政策上與「進步文化人」激烈對立，往後逐漸聚攏成所謂的「現實主義」集團。

無論如何，從一九五〇到六〇年代，在冷戰的國際情勢下，日本不論是國會或政論界都盛行著中立論。那麼，一般人民的輿論又是何種傾向呢？

「戰後和平主義」輿論的形成

接下來將以民意調查為中心，從美軍佔領期開始，檢視關於國防問題輿論的動向。與和平主義有關，並應加以檢視事項為「修憲問題」、「重建軍備問題」、「戰爭觀」、「對日美安保條約的評價」以及「對自衛隊的認知」。

首先我們來看與「憲法」有關的認知。在新憲法仍於草案階段時，各大報對其比明治憲法更具備民主主義內涵與和平主義等二項元素，有著高度的評價。每日新聞於一九四六年五月對全國兩千名有識之士進行憲法九條「戰爭放棄條款」的調查；結果有百分之五十六「無條件支持」，認為「雖需修改者，但仍有必要者」為百分之十四，合計有百分之七十受訪者認為「戰爭放棄條款」是必要的。但要注意的是，這份調查是基於有識之士而非一般國民。

把時間往後拉，對美和談後的一九五二年，總理府進行了一項民調（圖四）。在這份調查中，有百分之十八的人認為戰後憲法「適合日本國情」，百分之四十五的人認為「不適合日本國情」。這數字之後逆轉，認為「不適合」的比率在一九五八年為百分之三十，一九五九年為百分之二十八，一九六六年則是百分之二十一，逐年降低。

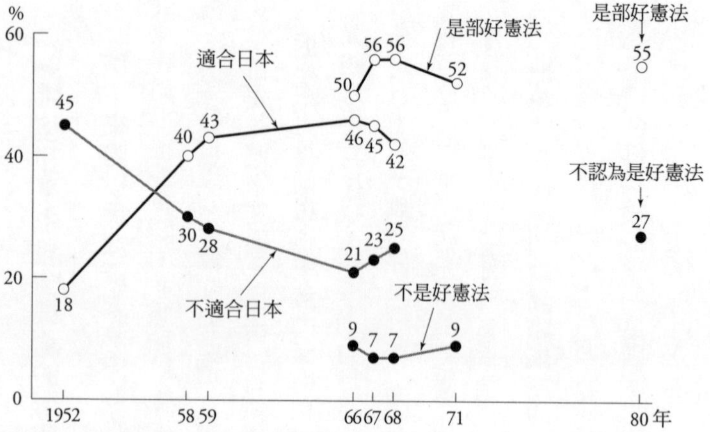

圖 4　對憲法的整體評價
（出處）NHK 放送民意調查所編《圖說戰後輿論史第二版》，日本放送出版協會，1982 年

另一方面，認為「適合」的比率由一九五八年的百分之四十、一九五九年的百分之四十三上升到一九六六年的百分之四十六。我們可將這些資料解讀成日本在完成對美和談、恢復獨立後，進入「已非戰後」時期（《經濟白書》，一九五六年），而現行憲法也為國民廣為接受。

另一方面，當初多數國民在態度上是支持「重建軍備」——其與禁止保有軍隊的憲法和平主義之間的整合性受人質疑。如圖五所示，警察預備隊成立隔年的調查顯示，有百分之七十六的受訪者贊成重建軍備，反對者為百分之十二。在保安隊成立，日

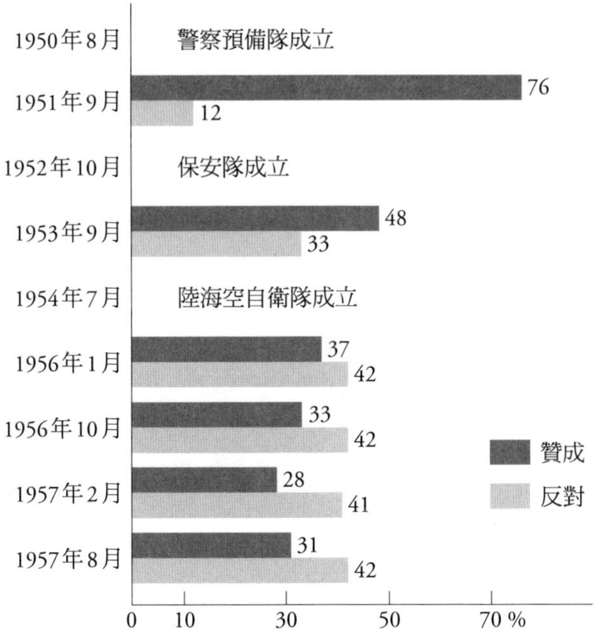

圖 5　是否贊成重建軍備
（出處）NHK 放送民意調查所編《圖説戰後輿論史第二版》，日本放送出版協會，1982 年

本完成對美和談以及恢復獨立的一九五三年調查結果，贊成為百分之四十八，反對為百分之三十三；由此可瞭解從警察預備隊到保安隊成立，都是在國民支持下進行的。

創建自衛隊後，贊成與反對的比率逐漸逆轉。根據總理府「關於自衛隊的民意調查」以及「關於國防問題的民意調查」，對於「你覺得有自衛隊比較好，還是沒自衛隊比較好？」的問題，有百分之三十二認為「有比較好」，百分之二十六認為「有的話也可以」；一九六三年的調查則有百分之五十二點四認為「有比較好」，百分之二十三點八認為「有的話也可以」。由於肯定自衛隊存在的人數逐漸增加，我們可以認為這些民調所代表的意義在於，民眾把自衛隊的存在與「重建軍備」分割來看；雖然自衛隊存在是件好事，但卻不能接受日本保有「軍隊」。對自衛隊的正面評價，呈現年年增加的趨勢（參考圖六）。

在與和平主義的關係上，能夠看到顯著變化的就是「戰爭觀」。關於現實上發生戰爭的可能性，民調結果反映出冷戰的狀況。一九五四年的調查，有百分之三十五點二的人認為「會發生戰爭」；百分之二十八點五的人認為「不會發生戰爭」。一九五六年的調查大逆轉，百分之二十六的人認為會發生戰爭；百分之三十九認為不會。問題在於對戰爭的認知。若比較「無論如何不能有戰爭」的完全否定立場，以及「為了和平，打

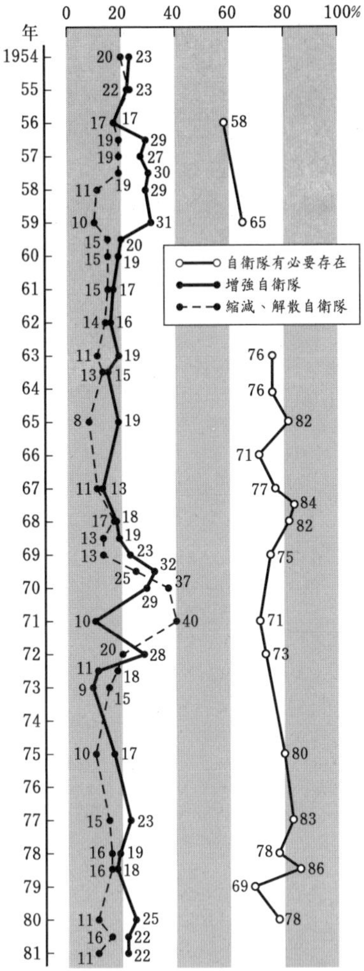

圖 6　對自衛隊的看法
（出處）NHK 放送民意調查所編《圖說戰後輿論史第二版》，日本放送出版協會，1982 年

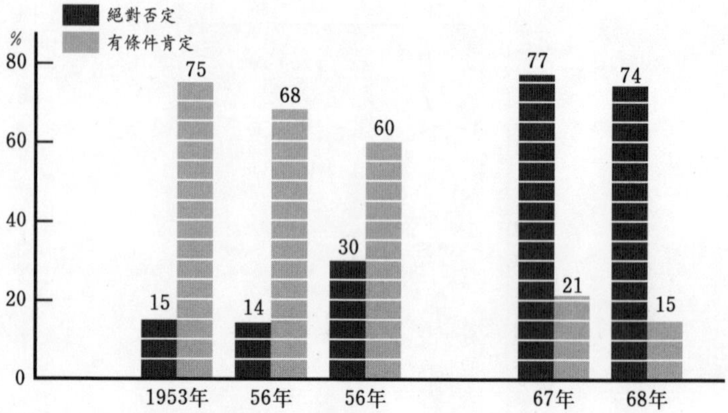

圖 7　否定或肯定戰爭
（出處）NHK 放送民意調查所編《圖說戰後輿論史第二版》，日本放送出版協會，1982 年

倒邪惡國家是不得不為」的有條件肯定立場，一九五三年的調查中有百分之十五完全否定；相較於此，有條件肯定戰爭佔了百分之七十五的壓倒性多數。即使是安保騷動發生前的一九五九年，完全否定戰爭者為百分之三十，有條件肯定者則是兩倍的百分之六十。但到了一九六七年，完全否定為百分之七十七，有條件肯定為百分之二十一，形勢完全逆轉（請參考圖七）。一九五〇年代到六〇年代的顯著變化，得歸因於戰後世代佔社會比率增加所帶來的影響。

若考慮年輕世代的認知問題，其與高齡世代最大的差異在於教育。假設反對修憲的年輕世代在一九六五年時是二十九歲，以此反推其戰爭結束時的年齡為九歲，那麼他們正是接受戰後教育的世代。若是更早的世代，則是從初中教育階段起就接受戰後教育。我們可以認為由於接受戰後憲法的意義與「和平教育」的世代佔社會比率逐漸增加之故，憲法深植人心，完全否定戰爭的意見也隨之增多（圖八）。接受戰前教育的世代對於軍事或戰爭的想法，雖然有太平洋戰爭的經驗，但其受影響程度與年輕世代相比仍較少，可說是仍保有傳統觀點。另外，就算是戰後GHQ所進行的審查或操控資訊，也是對年輕世代的影響較大。

另一方面，我們也能從民意調查中，看出與政治論壇上廣為人主張的「中立論」或「反反共產主義」等言論的不同傾向（圖九）。例如「中立論」在安保騷動發生的一九五九年達到百分之五十的頂峰，此後年年遞減，只能維持三成左右；反之，傾向「自由主義陣營」的意見逐漸增強。甚且，與「進步文化人」完全相反，對共產主義陣營的親近感始終處在相當低的程度。在這點上，多數國民的意見和「進步文化人」有著極大的距離。

由以上這點來看，可以清楚知道進入一九六〇年代後，許多國民具有「雖說並不是支持非武裝中立或共產主義，但也沒必要為了進行讓人聯想起戰前黑暗日子的重建軍備而硬要修憲。」如此的心態。由於從警察預備隊到自衛隊的成立過程中，接受戰前教

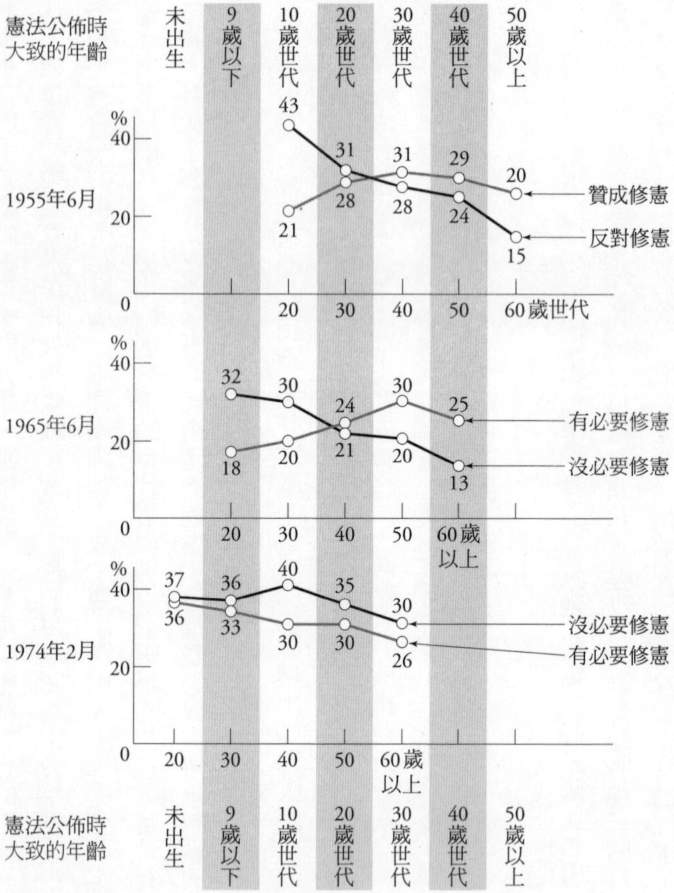

圖 8　世代／年齡別對修憲態度的變化

（出處）NHK 放送民意調查所編《圖說戰後輿論史第二版》，日本放送出版協會，1982 年

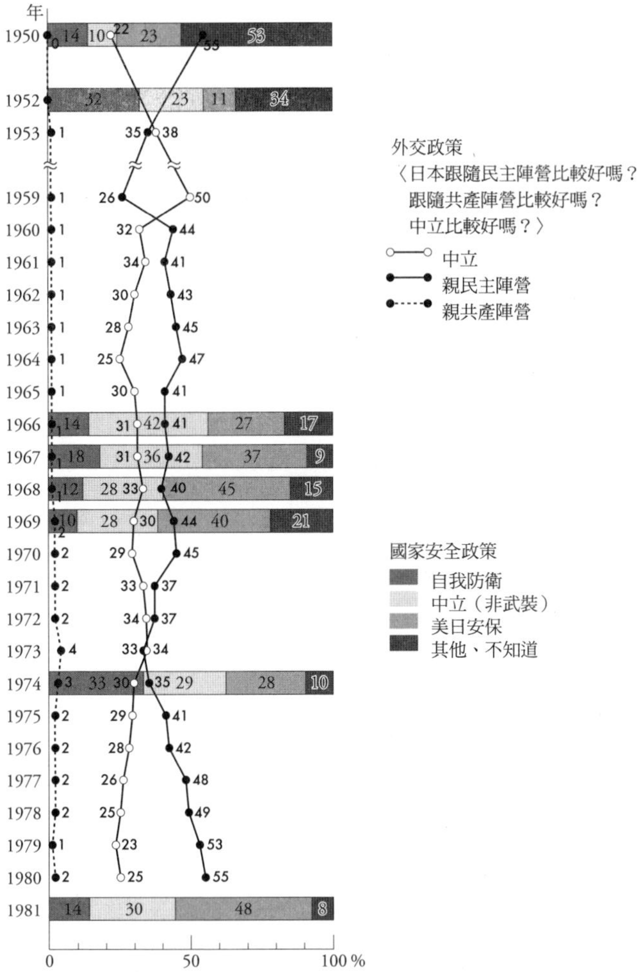

圖 9　國家安全政策與外交政策

（出處）NHK 放送民意調查所編《圖說戰後輿論史第二版》，日本放送出版協會，1982 年

育的世代佔社會人數較多，因此「重建軍備」較能正面地為人接受。之後，承認自衛隊但不支持修憲與建立正式軍隊的基本思想於一九六〇年代固定下來。一般認為，這種思想傾向成為了支持「現實主義」理論家登場的歷史背景。「進步文化人」的言論雖然之後也在記者與學者之間有著強大的影響力，但無法滲入多數普通民眾，反而是現實主義論者的言論最能為國民所接受。

此處的重點在前面提及的年輕世代。接受戰後和平教育的年輕世代增加，可解釋日本社會完全否定戰爭的氛圍，但年輕世代於高度經濟成長期後，與上一代交替，成為三十到四十歲的社會中堅份子。在高度經濟成長期後，社會上逐漸興起市民運動，並出現了投入推廣這類運動的團體，當革新勢力逐漸取得地方自治體的政權時，這些中堅份子就成為了他們的支持者。多數的革新自治體對自衛隊採取嚴厲批判的態度，以致於發生守屋武昌在《日本防衛秘錄》所寫的事情：[7]

「革新自治體的首長認為『由於自衛隊違憲，所以他們並非本市市民』，以此拒絕自衛官及其家族遷入戶籍，或是不讓已成年的自衛官出席地方自治體主辦的成人式。另外，地方自治法規定地方自治體為國家各省廳委託業務的承辦窗口，但革新自治體卻拒絕承辦自衛隊相關業務，從各地將自衛隊逐出一般市民的生活之外。」

「現實主義」國際政治學者登場

相對於一九五〇年代反美軍基地與中立論昂揚的「反美／反安保體制風潮」，被稱為「Realist」、「現實主義者」的人們指出中立論的非現實性以及日美安保的效用，並且重新評價「吉田路線」此一戰後日本的外交基本方針。他們經過一九七〇年代，最終成為政論界的主流，也參與了實際的國家安全政策問題。到了一九八〇年代新冷戰時期，有關增強軍事力的討論蔚為熱潮，加上冷戰結束後自衛隊實質的海外行動、日美合作逐漸強化，在這樣的氛圍下，「現實主義」和「吉田主義」也同時成為了批判的對象。他們的存在也正象徵著戰後日本國家安全理論的內容與發展中的一個觀點。接下來，將討論他們的言論以及與具體政策推展的關係。

「在以民族國家為決策單位的國際社會中，確實欠缺有效的『法律支配』；即使主要國家間的權力平衡就算不是和平的充分條件，至少也是主要條件，僅以此便能維持

7 譯註：一般將共產黨或社會黨所執政的地方自治體稱為革新自治體。

動態的國際秩序。」現實主義者團體的代表永井陽之助以上述立場做論述，主張「首先，將紛爭限於局部（肯定有限戰爭），累積試錯的經驗來制訂規則（臨時協定），彈性地維持秩序；再者，比起徹底裁軍和建立法制機構，結合道德與實力的外交與政治智慧，這兩者是維持和平最必要的保障」（《和平的代價》，底線為原作者所加）。這雖然是現今多數人理所當然的想法，但在那些推廣中立論、人稱「理想主義」的人們主導政論界的一九六〇年代，是相當驚人的主張。現實主義團體指出國際政治中權力政治的一面，同時又主張日美安保體制是有效用的；由於他們的登場，自民黨也將其視為現實上可以交換意見的人而予以關注。另外，這個團體的代表者高坂正堯也重新評價吉田路線。往後，「吉田路線做為戰後日本外交的基本方針乃是正確選擇」此一見解也逐漸為人接受。

且說，我們不可忽略在現實主義者團體的討論中，他們對憲法九條以及在國家發展論上的意見分裂，即「軍備的必要性」這個國家體制問題；以及如何在日美安保引發的「捲入戰爭論」和「追隨美國論」之中，摸索出日本自主的外交方式。例如，高坂批評理想主義「過份重視核武問題，而無法理解現代國際政治中，各種其他力量的角色」；同時也給予中立論「強調外交中理念的重要性，因而把價值問題導入了國際政治」的評價。他指出「國家若不考慮其應追求的價值，現實主義將墮落成追隨現實的主義」，並且指陳「日本應追求的價值，無疑地就是憲法九條規定的絕對和平」，主張「日本的外交，不應只單純地想尋求國家安全，必須在能夠實現日本價值的方法上，獲致國家安全」（《海洋國家日本的構想》，中公經典）。

以上的思維幾乎是現實主義者團體的共通點，他們研究以憲法九條為前提的國防理論，以及日本外交的基本構想。例如，永井認為日本應採取的防衛政策為「日本在國防衛上的努力，應以給予美國安全感與信賴感，逐步脫離安保體制為前提。自衛隊存在的首要理由，即在於此」。他又主張「在外交努力上，要在美蘇之中盡力緩和緊張，並隨著緩和的步調，逐漸將日美安保體制朝有事駐留的方向改變。[8]」另外，高坂也在論述海洋國家日本應有的樣貌中提到「撤離日本本土所有的美軍基地」，主張修正現行安保體制「物（基地）與人（美軍）的合作」的基本性質。

不論何種論點，其特徵是以現行憲法為前提；以吉田路線的經濟中心外交為根本；認同整備國防力量的必要性以及日美安保的效用，但同時也指出軍事力的極限，主張修

8 譯註：即美軍平時不駐紮於日本，只在緊急狀況發生時進駐日本並使用基地。

正日美安保體制。這些討論的歷史背景有兩點，一是日本自主、自立問題，此問題以永井「實在地說，日本現在仍是半主權國家，尚未成為國際社會中決策的完全主體（獨立國）」的認知為基礎；二是憲法已成為國民之間的既有觀念。

值得注意的是，在自衛隊與憲法九條的關係上，認同自衛隊必要性的意見在一九六〇年代以後超過了百分之七十；另一方面，反對修改憲法九條的意見也在一九六〇到七〇年代達到半數。這也許是因自衛隊的存在與憲法九條在國民之間同時成為了互不相斥的既有事實。

且說，經過一九六〇年代全共鬥引發紛爭，以及七〇年的安保對立，進入七〇年代後，過去稱為「進步文化人」的人們，其影響力大幅衰退。另一方，現實主義者團體在逐漸成為政論界主流時，他們也參與了實際的國家安全問題。這點將於後再次詳述。

三、「年次防」的時代

「赤城構想」的挫折

使日美安保中心主義、以及重視財政觀點明確化的「國防基本方針」和「第一次防衛力整備計畫」（簡稱一次防）在制訂的當時，岸信介首相本人並沒有深入參與其內容。如前述，岸信介急於制訂「國防基本方針」及「一次防」的著眼點在於，表明自己重視安保的態度與提出增強自衛力的具體計畫，來回應美國的期待，以獲得續簽安保條約的門票；同時實現美國撤出地面部隊，促使基地問題大幅改善。因此才會配合他的訪美行程，急速完成這兩個計畫。但是，岸信介向美國承諾增強防衛力一事，衍生出兩個新問題。其一是以防衛廳升格成「省」為代表的組織結構改革問題；另一個是一次防結束之後，新防衛力整備計畫的問題。這兩個問題都有可能大大地影響國防政策中「文官優位」的存在方式。

首先來看結構改革問題。這牽涉到將防衛廳升格為防衛省以及強化統合幕僚會議的問題，[9]後者為防衛廳與自衛隊內部問題。先從結果來看，不論是防衛廳升格或是強化統幕機關均沒有實現。雖然自民黨國防事務部主張升格案，但因《警職法》問題與安保騷動等因素而暫緩提出法案。而在岸內閣後，出現了重視經濟、盡量不碰觸國防問題的池田內閣，升格案因此延宕。

9 譯註：類似美國的參謀首長聯席會議。

另一方面，雖然有依照制服組想法而草擬的統幕強化案，但考慮到安保問題等糾紛不斷的政治情勢，決定以最小限度的「訓令」做為處理方針，結果卻也出乎預期之外。[10]由於法案提出的時間點較晚——這也有意避開安保騷動後的混亂局勢，與立法程序有關的人員卻又在這段時間內被調動至其他單位。如此已不可能實質制訂訓令，法案也因補充用訓令尚未制訂完成而無法實施。強化統幕一事最終無法在本階段實現。

其次是長期計畫問題。一次防是始於一九五八年度，終於一九六〇年度的三年計畫，故而有必要制定六一年度起的長期計畫，而六一年度起實施的計畫必須在六〇年度完成。在這種情況下彙整而成的，是在赤城德宗長官領導下，於一九五九年七月發表，稱為「赤城構想」的長期計畫。

該計畫將防衛力整備的優先順位設定為空、海、陸，大幅地改變從一次防起重視陸上防衛的方針。只是，假設計畫完成的一九六五年國民所得為十三兆一百四十億日幣，該計畫的預定支出兩千九百億日幣，占了國民所得的百分之二到二．五之譜；以大藏省等單位的立場來看，不得不提出編列預算困難的異議。甚至，自民黨內部也對在日美安保重新簽訂前兩個月推出二次防計畫一事慎重以對，無法於一九五九年定案。進入一九六〇年後，防衛廳雖接受大藏省的批判，縮小預算並加速成案，但終究沒能正式推出。其最大原因，是來自於自己人的反對。先前借調外務省，任職華盛頓駐美大使館的海原治回到防衛局後，以財政缺乏等現實層面、且購置沒有需要的直升機航艦以及整備方針內容本身也有問題為由，對赤城構想展開反對運動，要求重新研議。

誠如海原所說，「赤城構想」確實有著預算估計上的不完善為主、必須重新研議的問題。但一般認為海原徹底反對「赤城構想」的理由，其實是該構想在制定上大量採納了制服組的想法。事實上，該構想的開頭便說：「由於日本的國防力量是用於自衛，必須在戰略守勢的範圍內來思考。因此在戰略攻勢上需依賴美軍。但是，考量到美軍的支援可能因狀況而有所變動；又，為了保持我國在遂行作戰上的自主性，有必要建立在面臨大規模武力侵略事態時，至少能於作戰初期獨自遂行作戰的能力。本計畫的目標是建立能夠大致上獨自應對除了大規模侵略以外的武力侵略，以及間接侵略的能力（底線為作者所加）。」這種思維高度認可應是日人所遺忘的日本自主性。明顯地，一旦認可這種思維，便打開擴大制服組權限的大門。我們可以認為海原就是關注到這點而強烈反對「赤城構想」。

10 譯註：上級官廳（行政機關）為了行使其權限，對下級官廳所發佈的命令。除非事涉公共事務，通常不予以公開。

結果，「赤城構想」被迫全面重新檢討，並在就任防衛局長的海原指導下，完成了二次防。如此，不論是組織改革方面，或長期計畫方面，制服組權限擴大的道路再次遭到阻斷。

二次防的內容與意義

那麼，二次防又是如何制定，其內容又是如何呢？在二次防審議上成為重要討論項目的，是陸上自衛隊十三個師團的改編、十八萬人編制整備問題以及海上自衛隊建造直升機航艦的問題。從結果來看，陸自的改編與整備定案；直升機航艦則未被採用。為了實現池田內閣的高度經濟成長路線，從財政觀點來看，花費較多的航艦案因而被駁回。

接下來看二次防的內容與政治上的意義。首先從內容來看，有幾個重大特徵。

第一，二次防將「國防基本方針」置為前提，明確地凸顯日美安保中心主義。「赤城構想」中，以「日美安保不完全論」為前提的自主防衛理論被排除，日本的國防基本上仍依賴美國。即二次防確認了日本國防的主角為美國。

第二個特徵是關於防衛力整備的思維。如方才所述，防衛廳內局成功地確認日美安保中心主義，並壓抑制服組的自主性，但自然無法去否定自衛隊存在的意義。要如何才能同時滿足壓抑制服組的自主性，以及同時揭示自衛隊的存在意義呢？那就是做為日本國防目標載明於計畫中「在日美安全保障體制下，建立一種防衛體制，這種體制可有效應付以傳統武器發動、規模在局部戰爭以下的侵略」的這段文句。即自衛隊的任務是以相當限定的條件作為想定，只有在應對這種想定時才能動用。在此方針下，二次防成了單純的整備計畫，其主要內容是充實一次防時所建構的戰力和更新老化裝備。

第三，是整備計畫的重點。自民黨國防事務部強力要求的直升機航艦被駁回，但另一方面，陸上自衛隊的十三個師團改編計畫，以不納入二次防的方式獲得實現。也就是說，這顯示實際上防衛力的整備，是把比重放在陸自來進行。防衛廳實質上否定了「赤城構想」重視海空的方針。

由於被迫重新檢討赤城構想，制服組自主參與國防政策計畫一事遭到排除。自民黨國防事務部的要求也於二次防遭到剔除，這可說是加強了防衛廳內局於籌劃國防政策之時，不可撼動的主導地位。

但問題是，由於日本國防幾乎全面依賴美國，使得自主制訂防衛構想的空間被極端地縮限。日本國防依賴美國，自衛隊的存在意義也就為人所質疑。為了揭示自衛隊意義，便把「在日美安全保障體制下，建立一種防衛體制，這種體制可有效應付以傳統武器發動、規模在局部戰爭以下的侵略」的句子加進二次防。這意味著，即使是防衛廳本身，也只能以符合該文句的工作為中心。也就是說，由於日本國防本身依賴美國，防衛廳必須以管理自衛隊這個為了對抗「以傳統武器發動、規模在局部戰爭以下的侵略」的組織做為其核心業務。在防衛廳內局穩固「文官優位系統」的過程中，導致了一種令人諷刺的結果；即讓防衛廳無法成為政策機關，同時也促使它成為如何管理與運作自衛隊這個武裝部隊的管理機關。

於是防衛廳內局便將精力灌注在如何使國民接受自衛隊的存在。例如，內局在二次防中增加了「為了實現與國土、國民緊密結合的防衛力，必須重視災害救援、協助公共事業等民生合作方面的措施以及噪音防止對策」這類一次防所沒有的項目。自衛隊法本身也有規定災害救援等活動為自衛隊的任務之一，在此之前自衛隊就曾執行過這種任務。但特別寫入二次防這種長期計畫，意味著這在自衛隊的任務中受到特別重視。自衛隊出動救災的身影，協助適逢其時的奧運以及支援國民相當關注的南極觀測活動等等，透過與國防問題的不同層面，增加國民看到自衛隊的機會。對於讓自衛隊為國民所接受，這是具有效果的方法。

一九六〇年七月，《防衛廳宣傳活動訓令》業已定案，防衛廳的宣傳活動也是在這個時候開始活躍。「自衛官的心理準備」這份闡明身為民主國家——日本的自衛官應有形象的資料中寫著：「自衛隊常與民同在。（略）自衛官無論有事或平時，常與民同心，超越一身利害奉公，並以此為傲。」該文件於一九六一年六月二十八日發表，這正是二次防定案的時期。國民與自衛隊同步而行的形象鮮明，並且逐漸滲入國民之間，充分地表現出防衛廳的期待。此外，《科學的驚異》這部宣傳電影首映（一九六七年）等防衛廳的宣傳活動，成為和管理自衛隊一樣的重要工作。由於這些活動，自衛隊在一九六〇年代就為國民所接受。

自民黨國防系議員與「自主防衛論」

當日本正在審議二次防的一九六〇年十一月十六日，在美國也發生了一件與日本國防問題有關重要決定。那就是「美元國防政策」。[11]美國國務卿克里斯蒂安·赫托（Christian Herter）向國際合作署（ICA）理德伯格（Riddleberger）署長親手提交一份備忘錄。該備忘錄的內容是變更包含日、德、法、英在內共十九國的海外物資採購計畫。

11　譯註：為了解決美國國際收支赤字所推出的美元政策。

在ICA提供的資金中日本佔了最多數，從一九五九年七月到一九六〇年六月為止，一年間的金額達到一億一千五百八十萬美元。這份備忘錄就是要大幅削減這筆支出。不論是一次防或二次防，對於一直期待美國援助的日本來說乃是一大衝擊。

對此狀況感到高度危機的，是以韓戰為契機而開始發展的國防產業，以及自民黨國防相關議員。而且，美國國內對已脫離戰後重建階段並展現高度經濟成長的日本，卻不願在美蘇嚴峻的冷戰中，自行努力投入防衛力整備的態度有所批判。例如，參議院議員法蘭克・邱池（Frank Church）於一九六三年四月於參議院會議中表示：「如果我們對激怒日本政府而感到不安，連展現我們的能力去終止補助日本那名義上的防衛軍都辦不到的話，上帝將會替美國感到悲哀吧！」訴求停止對日軍事援助，參議院外交委員會全場也一致表示贊成。日本國防產業與相關議員於二次防審議時，對池田內閣處理國防問題所展現的消極態度更令人感到不安，遂而展開批判。

當時自民黨國防相關議員，是以前海軍中將、同時也曾積極參與創建海上自衛隊的保科善四郎，以及曾擔任防衛廳長官的船田中為核心。其他雖然也有以擔任過防衛廳長官者為中心所構成的「國防系」議員，但從參與國防問題的深淺與積極性來看，仍是以保科與船田為核心人物。這兩人的共同特徵是，在防衛政策的基本方針上主張「海上防衛重視論」，而且也採取日美安保中心主義的立場。他們的想法有別於五〇年代主張整備自主防衛力，並以此解決基地問題的自主防衛論者，以及承接這種思維的中曾根康弘等人。因此，他們雖然積極主張增強防衛力，但卻強烈反對會影響日美安保體制的基地撤退論、或是安保重訂論。

我們可把保科與船田兩人與國防產業緊密的連結列為他們的特徵。保科於舊海軍時期，曾擔任過負責軍備計畫的兵備局長，由於這層關係，往後他與成為經團連會長的石川一郎有著深厚交情。保科進入政壇也有石川的相助，而他也從創立期開始就參與經團連為了培育國防產業而成立的「防衛生產委員會」。保科成為自民黨眾議院議員後，便以國防委員會為活動中心，擔當自民黨與國防產業、甚至是防衛廳等相關機關之間的聯絡人。船田則與來自財經界、防衛生產委員會的負責人，植村甲午郎從學生時代就是朋友；由於這層關係，船田展現了對國防生產問題的關注。

這些主張「海上防衛重視論」、「日美安保中心主義」以及與國防產業有緊密連結的國防相關議員，強烈批判在國防問題上態度消極的池田內閣。同時為了緩和美國停止援助對國防產業的打擊，也積極推進防衛裝備國產化。這個「防衛裝備國產化」成為二次防到三次防時期之間，自主防衛論的具體內容。

一九五〇年代的自主防衛論的目標，是以增強防衛力來解決基地問題，但其內容會觸及到日美安保體制根本的「基地問題」，是一種恐會影響安保體制自身的主張。從安保中心主義者保科與船田等國防系議員來看，是應當避免的情況。但是，基地問題依然存在；在野黨不斷地批判追隨美國的政策。為了不讓安保騷動那樣刺激民族主義的反政府運動再次發生，必須迴避對隨美政策的批評，因而有必要宣示日本的自主性，以及積極提倡自主防衛、不碰觸「基地問題」的自主防衛論，而這就是「裝備國產化」了。

在從二次防朝向三次防的過程中，國會內部也對「自主防衛＝裝備國產化」這個解釋進行討論。但這會產生幾個問題。其中最大的問題是政治與國防裝備採購問題之間的密切關連。大多數的國防裝備，是以高精密電子裝備、最新型戰鬥機為主的高價品；日本大部分的裝備是由美國引進，據說在次世代主力戰鬥機（ＦＸ）的商業戰中，有多家企業涉入、細節不明的採購問題，並有鉅額資金在此間流動。據聞這些問題的背後，是由以國防系議員為中心的政治人物所運作。

也就是說，從自衛隊草創期到成長期之間，這些積極參與國防問題的政治人物，有一種把防衛政策的具體內容與實施委交給防衛廳，自己則關心國防裝備問題的強烈傾向。當政治人物想要參與所費不貲的國防生產問題時，擔心新設立的防衛廳會因此混亂的防衛廳內局，將成為阻止政治家介入的防波堤。有時內局成功阻止，有時卻連防衛廳官員也被捲入其中。安保騷動後，國防問題逐漸成為禁忌，此間在野黨政治人物批判自衛隊的存在；執政黨內少數關心國防問題的政治人物，相較於政策，他們更著眼於國防武器之生產。這樣的模式於一九六〇年代中漸漸形成。

三次防定案及其意義

第三次防衛力整備計畫（三次防）始於一九六七年至一九七一年止，是二次防結束後所制定的五年計畫。雖然由制定二次防的池田內閣，轉變成之前一直批判池田內閣，在國防問題上持消極態度的佐藤榮作內閣，但三次防在內容上，明顯帶有延續自二次防的性質。佐藤本身並不願意大幅增加國防經費，在態度上採取沿襲二次防的基本方針。實際上三次防的審議過程，比起防衛政策的基本問題，商議始終繞著是否超過二次防的預算上打轉。不過，這種情況背後是有幾個因素存在。

第一，經過安保騷動混亂而誕生的池田內閣，採取國防上低調、重視經濟的政策；在該時期，關於國防問題的討論本身就是禁忌。根據先前提到的民調，在三次防定案的一九六七年，認為「無論如何都不該發動戰爭」的絕對和平主義達到百分之七十七。這時期明顯傾向將戰爭或遂行戰爭的軍隊本身視為罪惡，其象徵為一九六五年的「三矢研究」事件。

「三矢研究」指的是內局官員也參與其中、於自衛隊內部所做的研究。該研究以第二次韓戰爆發為想定，探討其對日本的影響以及應對方式，甚至包含了凍結憲政的狀況。知悉其內容的社會黨議員在國會上披露此事，欲追究政府責任；佐藤首相第一時間也批判此研究違反文人領軍原則，進而使事情加速混亂。好一段時間內，國會與媒體都一致批判「三矢研究」，防衛廳也被迫處理此問題。

但是，以應對直接侵略為主要任務的自衛隊，本就該進行以「有事」為想定的研究。反之，若連如何應對有事之際的研究都不去做，則算是瀆職。但在當時，這種理應當為之事卻遭到批判。

理論上，以「有事」做為想定的研究，本身就會設定實際上「發生了緊急事態」。雖說這種想定在現代稀鬆平常，但在一九六〇年代卻如同招搖過市一般。確實在這樣一個時代背景下，難以進行正式的防衛政策討論。

不僅如此，自衛隊的能力也被大大限制。例如，被認為可能用於攻擊敵方領土的武器，全都遭極力阻擋。空中加油機等可進行長距離飛行的裝備、以及長程飛彈都被否決；F-4幽靈II式戰鬥機也不能安裝轟炸瞄準裝置。因為「專守防衛」這個目標，自衛隊應只能在日本國內活動，並對此做了諸多考量。

定案的三次防內容一方面雖然具備延續二次防的性質，但也有異於二次防之處，即重視海上防衛力以及裝備國產化的推動方針。海上防衛力方面，一九六六年十一月二四日於國防會議以及內閣通過的大綱中，明確地加入重視海上防衛力的方針。實際上，整體來看三次防，陸海空三自衛隊所佔總經費的比率為，陸：百分之四十一．二、海：百分之二十四．五、空：二十四．五，相較於二次防的陸：百分之四十三．四、海：百分之二十三．一、空：百分之三十點．八來看，只有海上自衛隊的經費有增加。增加的幅度則為陸：一．七倍、海：一．九倍、空：一．四倍，可明確看出重視海上自衛隊的態度。

裝備國產化方面，不只是前面提到的國防系議員，佐藤首相本身也對此表達強烈關心。在三次防的一般方針中，加入了以下文句：「推進技術研究開發，為裝備的現代化與提升國內技術水準做出貢獻，同時適當地推行國產裝備，裨益於培養國防基礎。」據此，三次防後，國防裝備國產化就急速發展開來。

原本應是以延續二次防形式定案的三次防，卻編入了不同以往的內容；一般咸認其背景為防衛廳內部的變化。這是防衛廳成立時期的第一代幹部退出，活躍於草創期的年輕世代出頭。最具代表性的，是權力大到人稱「海原天皇」的海原治轉戰國會一事。撐起草創之初的防衛廳，並身為內局官員代表的海原，受到自民黨內派閥對立的影響，即使確認將接任防衛次官，最後仍以官房長的身份毅然離職。[12]

海原的倒台雖是因政治干涉，但那些不滿足防衛廳只是自衛隊的管理機構，並以轉變防衛廳為政策機構為目標的新世代，正於此時成長茁壯。他們不同於將精力放在壓抑制服組、認為文官優位乃理所當然的海原世代。這些年輕世代，以軍事技術者的身份積極肯定制服組，又能認識從一次防到三次防為止，長期計畫所藏有的問題；也認知到重新檢討自衛隊的意義與角色之必要性。而一九七〇年代的中心，也正是這些年輕世代。

四、「中曾根構想」與自主防衛論

「自主防衛論」的高漲

一九六〇年代的中期到後期，是三次防審議與定案的時期，同時也是日本針對「自主」議論再次加速的時期。自主防衛與自主外交等詞彙，在此時期後，即使到了七〇年代也持續成為綜合性雜誌的主要議題。針對「自主」的討論再次高漲的歷史背景，包括了越戰加劇、稱為「基地公害」的全新基地問題，以及一九七〇年的安保延長等。

關於越戰的問題，最早起因於一九六四年八月越南東京灣事件，隨後美軍於一九六五年正式介入越戰，進而引發日本國內反戰運動以及出現「被迫捲入戰爭」的論點；基地等其他相關問題也隨之成為熱門話題。民調顯示，整個一九六〇年代對越戰的關心都超過百分之七十；認為「日本有可能被迫捲入戰爭」的比率，從戰爭加劇前一年的百分之十八上升到一九六五年的百分之四十三，一九六七年達到百分之五十。只不過，支持日美安保體制的比率時常超過三成，多數國民並沒有把越戰與反對安保做連結；但日本政府對越戰的態度確實為人所質疑。

這與接下來探討的基地問題也有關連。一九六〇年代的噪音問題，型態上多數是以噪音問題為主，並殃及基地周邊居民的基地公害。日本本土的基地，多數分佈於神奈川縣等人口較多地區，因此基地問題很容易就被放大檢視。此外，六〇年代中期開始，

12 譯註：防衛次官，事務次官的一種。次官一職是經考試錄用的公務員（官僚）所能做到的最高職位。

發生了多次與美軍有關的事件，如美軍核動力潛艦靠港問題，以及因靠港而發生的輻射外洩事故問題、核動力航艦靠港問題和美軍軍機墜落事件等，這些事件也確實成為了反安保運動的契機。

最後是一九七〇年的安保延長問題。對如何處理將於一九七〇年期滿的安保條約一事上，是要訂出期間（如再十年）採固定延長的方式呢？還是如條文那樣自動延長呢？或是在野黨等主張的重新簽訂或廢棄安保條約？爭議點在於應如何處理日美安保體制。

以上的問題相互牽扯，再度刺激了日本民族主義，因而加速了對「自主」的爭論。三次防的審議與定案正處於這個時期；而在此背景之下，以自民黨為首的日本各政黨，如社會黨、公明黨、民社黨與共產黨，全都發表了各自對安保政策與日美安保體制立場明確的政策。

對當時的佐藤榮作政權來說，更複雜的問題是沖繩返還與「尼克森主義」。佐藤首相把沖繩返還定位成其政權最重要的課題，從他的觀點來看，要實現沖繩返還就必須徵得美國同意。美國正在使用沖繩美軍基地以因應越戰，要能夠在這種狀況中要求美國返還沖繩，就必須盡可能接受美國的要求，建構符合與「同盟國」（當時並沒有使用「同盟」這個詞）相應的信賴關係。

接著，一九六九年就任美國總統的尼克森提出「尼克森主義」，主張非到必要時不介入亞洲事務，具備國力的亞洲國家應負起保衛自國的責任。即使日本與美國就沖繩返還一事已達基本共識，並且走到了決定返還日期階段，今後仍被迫負起保衛自國的主要責任。

因此，在佐藤政權下，日本開始積極推動自主防衛，而這種主張必須具備「保衛自國的決心」。此時期所提倡的自主防衛論稱為「日美安保補足論」，其內容為「以日本為守衛國家的主角，日美安保為輔」。

中曾根與自主防衛論

「安保補足論」於一九六九年左右廣為人所主張，但要如何以日美安保補足自主防衛，這點並無明確的具體內容。自衛隊能做什麼、不能做什麼？美軍在補足日美安保上，該如何與日本合作？「安保補足論」並不是在具體研究後才提出的主張。這時期擔任防衛廳長官的，是中曾根康弘（一九七〇年一月就任）。

中曾根過去曾加入強烈主張重建軍備，蘆田均所屬的改進黨；他很早就因積極主張自主防衛論而聞名。據說其擔任防衛廳長官也是出自個人願望，而眾人也關注中曾根在自主防衛論高漲的背景下，會推行怎樣的國防政策。而中曾根也打出「中曾根構想」這個積極主張自主防衛論、反應自身政策想法的「後三次防」長期計畫。

中曾根就任防衛廳長官後，將長年醞釀的構想彙整成「自主防衛五原則」並發表於世。其內容為：（一）遵守憲法、貫徹國土防衛；（二）外交國防一體，與各項國家政策保持協調；（三）維護文人領軍原則；（四）維持非核三原則；（五）維持並補足日美安全保障體制；還有專守防衛論、非核中級國家等想法。中曾根的整體思維是站在權力平衡論立場，以近年的說法，就是追求與西歐並駕齊驅的「普通國家」。那麼中曾根所謂的「自主」，其特徵是什麼呢？

就是他相當重視民族主義問題，這點與一九六〇年代以自民黨國防系議員為中心的「裝備國產化＝自主防衛」不同。其象徵就是處理基地問題。早在一九五〇年代，中曾根就主張應僅留下一部份美軍基地，其餘全數撤離。他就任防衛廳長官後，也主張增強自衛隊來接管美軍基地，以這種形式推動美軍基地的撤出。根據中曾根的說法，基地問題是一個容易與民族主義結合、由革新勢力掌握發言權的問題；保守方有必要取回發言權，為此不論用什麼方法，都要試圖解決基地問題。

除了基地問題外，中曾根也期待能夠實現日美之間的定期國防閣員會議。當時關於安保協議，日美雙方基於安保條約第四條設置「日美安全保障協議委員會」（SCC），做為雙方協商場所。但相較於日方由外務大臣與防衛廳長官為代表，美國卻以駐日大使與太平洋司令部長官出席，在組成上並不對稱。中曾根的想法就是要製造一個日美對等的協商機制。當時SCC的組成，可說是象徵著在安保問題上日美雙方的地位。中曾根試圖讓雙方立場對等，想必是認識到對從屬於美國的批判與民族主義之間的緊密關連。

中曾根更進一步地於任內首次發行《防衛白皮書》。另外，他也請託常與那些人稱「進步文化人」的國際政治名嘴論戰的京都大學教授豬木正道擔任防衛大學校校長。豬木首先把以理工科為核心的課程中加入了人文社會科學課程，盡心盡力擴充防大的教育。此外還召集一些知識份子組成「國防診斷會」等等；中曾根長官時代的一些政策，往後也與坂田道太長官時代所進行的國防政策改革有關。但是，《防衛白皮書》在次任坂田長官時代由每年發行改為五年發行，形成五年的空白時期，故中曾根時代的政策也未能全數持續下去。但毫無疑問地，中曾根替防衛政策帶來相當大的刺激。

上述中曾根的主張與將於後述的長期計畫亦有關連，包括自民黨在內對此有諸多批判。例如，增強自衛隊以接管美軍基地的主張，在理論上形成「有事駐留論」，這觸及了基地問題此一日美安保的根本、迫使安保變質而為自民黨內阻擋。不只是國防系議員等安保中心論者，中曾根的意見也受到來自繼承吉田路線的日美安保重視派批判。佐藤首相因安保延長問題與自己意欲參選自民黨主席，為了避免造成黨內混亂故也不積極支持中曾根。中曾根為了明確自主防衛，意圖修改安保中心主義載明的「國防基本方針」，但終究無法實現。

「中曾根構想」的意義

那麼，中曾根長官時代定案的後三次防長期計畫內容究竟為何呢？中曾根並不採取至今為止延續長期計畫的作法，反而認為應該在新的想法下制定長期計畫。他不使用過去那種「年次防」的稱呼，將新計畫命名為「新防衛力整備計畫」。中曾根的想法是以十年為期，來實現全部計畫。但應當注意的是，就算中曾根是深切關心國防問題並積極發言的政治人物，但並不代表他可以對長期計畫的具體內容下達指示。實際上，後三次防的制訂作業始於中曾根的前任者有田喜一，基本方針在當時就已定下。據說中曾根就任長官時，曾下令防衛廳內局研究以實現他之前一直思考的、以自衛隊為中心的防衛政策構思，把自衛隊達成計畫中的規模；沒想到研究出的所需規模相當龐大。這個「新防衛力整備計畫」也是由防衛局官僚擔任制定的核心角色。該計畫最重要的特徵是採用「常備兵力論」此一思維，據說是由西廣整輝立案，此人日後將成為防衛次官。「常備兵力論」與「基本防衛力構想」有著密切的關係，我將在後面討論。

隨著四次防的具體化，搭配中曾根積極主張自主防衛的態度，計畫的預算規模開始出現問題。先前二次防與三次防的預算規模都大為增加，若四次防也比照辦理的話，預計將會有一筆鉅額的預算。況且在野黨也正準備開始提出批判，要對不斷增大的防衛力踩下煞車。最終，扣除調薪的部分後，四次防的預算為五兆一千九百五十億日圓，約為三次防的二點二倍。

如前述，中曾根對基地問題的想法招來自民黨內的反對；此外，積極主張自主防衛以及鉅額的計畫費用，這兩項結合後，又招致了來自國內外對日本軍國主義復活的批判。因此，遂必須更明確地設定建構防衛力的終極目標，或是防衛力界限的必要性。

「中曾根構想」的挫折與四次防

從內容來看，新防衛力整備計畫並不只是像二次防或三次防那種裝備購入計畫，而是如中曾根所言，考量到「適應日本獨立的戰略與戰術」的計畫。但是，除了自民黨

<table>
<tr><th colspan="3">區分（年度）</th><th>一次防
（1958～60）</th><th>二次防
（1962～66）</th><th>三次防
（1967～71）</th><th>四次防
（1972～76）</th></tr>
<tr><td rowspan="4">陸上自衛隊</td><td colspan="2">自衛隊員定額</td><td>170,000 人</td><td>171,500 人</td><td>179,000 人</td><td>180,000 人</td></tr>
<tr><td rowspan="3">基礎部隊</td><td>平時地區
配置部隊</td><td>6 個管區隊
4 個混成團</td><td>12 個師團
—</td><td>12 個師團
—</td><td>12 個師團
1 個混成團</td></tr>
<tr><td>機動運用部隊</td><td>1 個機械化混成團
1 個戰車群
1 個特科團
1 個空挺團
1 個教導團
—</td><td>1 個機械化師團
1 個戰車群
1 個特科團
1 個空挺團
1 個教導團
—</td><td>1 個機械化師團
1 個戰車群
1 個特科團
1 個空挺團
1 個教導團
1 個直昇機團</td><td>1 個機械化師團
1 個戰車團
1 個特科團
1 個空挺團
1 個教導團
1 個直昇機團</td></tr>
<tr><td>低空防空地對空
飛彈部隊</td><td>—</td><td>2 個高射大隊</td><td>4 個高射特科群
（另有 1 個後備群）</td><td>8 個高射特科群</td></tr>
<tr><td rowspan="2">海上自衛隊</td><td>基礎部隊</td><td>水面反潛艦艇部隊
（機動運用）
水面反潛艦艇部隊
（地方隊）
潛艇部隊
掃雷部隊
陸基反潛機部隊</td><td>3 個護衛隊群

5

—
1 個掃雷隊群
9</td><td>3 個護衛隊群

5

2
2 個掃雷隊群
15</td><td>4 個護衛隊群

10

4
2 個掃雷隊群
14</td><td>4 個護衛隊群

10

6
2 個掃雷隊群
17</td></tr>
<tr><td>主要裝備</td><td>水面反潛艦艇
潛艦

作戰用飛機</td><td>57 艘
2 艘

（約 220 架）</td><td>59 艘
7 艘

（約 230 架）</td><td>59 艘
12 艘

（約 240 架）</td><td>61 艘
14 艘
約 210 艘
（約 300 架）</td></tr>
<tr><td rowspan="2">航空自衛隊</td><td>基礎部隊</td><td>空中警戒管制部隊
攔截戰鬥機部隊
支援戰鬥機部隊
空中偵察部隊
空中運輸部隊
預警飛行部隊
高空防空地對空
飛彈部隊</td><td>24 個警戒群
12 個中隊
—
—
2 個中隊
—
—</td><td>24 個警戒群
15 個中隊
4 個中隊
1 個中隊
3 個中隊
—
2 個高射群</td><td>24 個警戒群
10 個中隊
4 個中隊
1 個中隊
3 個中隊
—
4 個高射群</td><td>28 個警戒群
10 個中隊
3 個中隊
1 個中隊
3 個中隊
—
5 個高射群
（另有 1 個後備群）</td></tr>
<tr><td>主要裝備</td><td>作戰用飛機</td><td>（約 1,130 架）</td><td>（約 1,100 架）</td><td>（約 940 架）</td><td>約 490 架
（約 900 架）</td></tr>
</table>

表 2　各長期計畫下防衛力整備的變遷

（註）作戰用飛機的（）內數字，包含了教練機在內的所有機數。一至三次防的機隊數等，為各防衛力整備計畫期末隊數。

（出處）《防衛白書 1977 年版》

內對中曾根自主防衛論的批判，以及國內外的軍國主義批判聲浪之外，新防衛力整備計畫還遭受了其他更嚴厲的批評。其中具代表性的，包括大藏省從財政問題上的批判，以及國防會議針對內容的批判。當時，海原治在國防會議中擔任事務局長，對新防衛力整備計畫中重視海上防衛力等基本思維，採取批判的態度。新防衛力整備計畫受到大藏省與國防會議的強烈反對，因而不得不重新修正。

對修正內容與縮小規模有決定性影響的，乃是增原惠吉接任中曾根擔任防衛廳長官後，兩次的「尼克森衝擊」。在第一次尼克森衝擊時，美國向日本傳達尼克森訪中一事；大藏省與國防會議對四次防的審議本就牛步進行，經此一事後更加推遲，最後決定留到隔年再審。對此影響更大的是八月「美元防衛政策」的發表，[13]此事預計會造成日本在國防費用負擔以及採購美製武器上的問題；同時因通貨混亂而影響日本財政的事態也令日方憂心。結果，進入十月後，西村直己防衛廳長決定大幅修正「四次防」（新防衛力整備計畫在中曾根下台後就回到過去模式，沿襲「年次防」的稱呼稱為四次防），防衛廳便立刻重新研究原案（參考表二）。

13 譯註：即一九七一年美國總統尼克森決定停止美元對黃金的兌換。

中曾根所追求的兩件事：脫離對美國的依賴，擴大自主防衛的範圍；以及獲得對美國的平等性。這兩件事都因中曾根構想的挫敗而看似受挫。另外，著手修正「四次防」，也昭示著高度經濟成長時代那種長期計畫的方式已走到盡頭。國防政策因此正面臨著巨大的轉變期。在這時期，有兩件與自衛隊有關、並且震撼社會的事件：三島事件與雫石事件。

三島事件與雫石事件

一九七〇年十一月二十五日，戰後日本代表性作家三島由紀夫，與自己主導的私人軍事組織「盾之會」成員一同挾持自衛隊東部方面總監為人質，呼籲自衛隊起義支持修憲，最終事敗切腹自殺，史稱「三島事件」。自衛隊員並沒有響應三島的政變。也有人說三島在總監部陽台演說的聲音，因為自衛隊員吵雜的奚落聲而無法聽清楚。防衛廳與自衛隊中，雖有許多人協助過名作家三島由紀夫的自衛隊入隊體驗活動，但這事件並沒有對自衛隊造成太大影響。毋寧說至今為止，人們仍持續在社會文化觀點上，探究諾貝爾文學獎候選人三島所引發的這次事件之意義。

另一方面，雫石事件給自衛隊帶來極端重大的傷害。雫石事件發生於一九七一年七月三十日，在岩手縣岩手郡雫石町上空，一架全日空客機與訓練中的航空自衛隊戰機發生衝撞。[14]自衛隊戰機的飛行員平安落地，但全日空客機上的一百六十二名乘客與機組員全數罹難。這是一九八五年八月日本航空一二三號班機墜毀事件前，日本國內空難事故中死亡人數最多的事件。與自衛隊同時成立的航空自衛隊，必須在短時間內有足夠的飛行員，而訓練也隨著飛行員的擴編而增多。另一方面，日本民間航空正處於擴展期，每年的飛行時數持續增加。在雫石事件發生前，就有人指出民用機與自衛隊軍機之間可能發生相撞事件。不過當時的飛航管理觀念落後，自衛隊的訓練空域與民間航線並沒有完全分離，存在著許多問題。

關於事故的原因，當初新聞報導是指自衛隊戰機追撞客機，自衛隊因此被究責。現在則有說法指出，全日空客機疏於確認義務才導致與自衛隊戰機擦撞。最高法院的判決，僅追究教官而非飛行員的責任，判處三年徒刑、緩刑三年。關於這件事故，也有主張自衛隊枉受冤罪，但至今真相仍然不明。

從自衛隊的觀點來看，問題或許在於查明真相前，媒體報導就先批判自衛隊。這

14 譯註：航空自衛隊松島基地第一航空團的 F-86F 戰鬥機。

是當時戰後和平主義導致的反軍事氛圍之象徵。當發生與自衛隊相關的事件時，媒體在尚未查明真相前就先批判自衛隊，這種情況反覆發生於一九八八年的「灘潮號潛艦事件」、二〇〇八年二月的「愛宕號護衛艦與漁船清德丸擦碰撞事件」。[15]前者的判決結果是海釣船與潛艦雙方都有責任；後者則是愛宕號因無過失而獲判無罪。但是兩件事故事發之初，媒體認為責任在於海自並持續批判。我不認為所有與自衛隊有關的事件、事故之報導都有問題，但重要的是媒體機構認真追尋真相的態度。另外，增原惠吉防衛廳長官與上田泰弘航空幕僚長因雫石事件引咎辭職。上田空幕長在得知事故後就親赴現場，於受難家屬的怒吼中不斷地致歉。據說他辭職後，仍一家一家地來回奔波，繼續向家屬道歉。

15 譯註：一九八八年七月二十三日，海上自衛隊汐潮級潛艦 SS-577「灘潮號」於橫須賀港與海釣船「第一富士丸」擦撞，造成海釣船乘員三十名死亡，十七名輕重傷。日本小說家山崎豐子將其改編成小說《約定之海》。二〇〇八年二月十九日，神盾護衛艦「愛宕號」與漁船「清德號」發生擦撞，導致清德號船長與船長兒子死亡。

第三章

新冷戰時代

——防衛政策的轉變

一、「防衛計畫大綱」的制訂

防衛政策的兩個課題

從一九六〇年代下半起開始高漲的自主防衛問題，迫使日本再度研議其防衛力——也就是自衛隊的角色。就算採取「安保補足論」的立場，自衛隊能做到哪些範圍？而為了完成範圍內的任務，又該建構怎樣的戰力呢？如此，便有必要再次研究包含有關日美安保在內的上述問題。在這背景下，中曾根推出了新防衛力整備構想計畫。但是結果如前述，不只計畫本身被迫大幅修正，還招來軍國主義的批判，因而產生設定防衛力界限的嶄新重要課題。

而且，自主防衛論高漲的狀況本身並沒有太大變化。反而在經過一九七一年兩次尼克森衝擊後，日本對美的不信任感提高，追求自主性的時機也更加成熟。因此，一九七〇年代前半，這時期的日本被迫去回應兩項重要課題：日本防衛力角色的明確化，以及防衛力界限的設定。

為了回應這兩個問題，嘗試替防衛政策理論化的，是曾於中曾根康弘時代擔任防衛局長，之後就任防衛事務官的久保卓也。久保本身同樣為舊內務省官員出身，是比海原治稍微年輕的世代。他自保安廳時代就參與國防問題，往來於防衛廳與警察之間。久保自身也強烈關心國防問題，在防衛廳內部也是接掌下任長官的熱門人選而備受期待。

第一世代的海原治等人致力於盡量排除舊軍人與政治人物參與和干涉防衛廳，並想辦法壓抑制服組來穩固「文官優位體系」。與此相較，久保並不滿足於一九六〇年代起，防衛廳逐漸成為自衛隊管理機關的情況，並顯現了其將防衛廳轉為政策機關的意圖。一九七〇年代的兩個課題，宛如像是對防衛廳是否能脫胎換骨成政策機關的詰問。久保從警察回到防衛廳擔任防衛局長，一邊忙於審議中曾根的新防衛力構想，又同時致力於解決這兩個課題。

久保於是開始構思「和平時期的防衛力」這個想法。雖然有人說往後這想法發展成「基本防衛力構想」，但仔細檢視久保的構想後會發現，他是以中曾根構想內的思維為基礎。該構想是一種「常備兵力」的想法，這點我將在說明「基本防衛力構想」時再予以詳述。無論如何，久保將自己的想法歸納起來後，做成「ＫＢ個人論文」並分發給防衛廳內相關人士，試探其反應。[1]另外他也頻繁地出現在防衛廳之外的期刊，宣傳其主張。而他也有發表論文或出書，與成為評論家、推出數本著作的海原並駕齊驅，可說是「勇於發言的防衛官僚」。

後四次防的定案

四次防大幅修正與縮小中曾根的「新防衛力整備構想」，並作為三次防延續，其基本方針「大綱」與「主要項目」分別於一九七二年二月七日、同年十月九日定案。田中角榮內閣於該年七月成立，取代長期執政的佐藤榮作內閣。四次防成立後不久，防衛廳正式討論「和平時期的防衛力」。但受到隔年石油危機的影響，以高度經濟成長為傲

1 譯註：「久保」的羅馬拼音為 Kubo（くぼ），推測ＫＢ即是取 Ku Bo 兩字的字首。

的日本也進入了低成長時代，而這也對國防預算產生了相當大的影響。四次防可說是不幸的長期計畫，審議過程本身就陷入混亂，雖經過大幅修正與縮小規模後終於定案，卻未能於實行階段達成目標。也就是說，光是計畫本身就有許多部分沒有實現。尤其是海自的部分特別多。

在這種經濟狀態以及低盪（美蘇緊張緩和）的國際情勢下，該如何制訂所謂後四次防計畫，成了防衛廳極端重要的課題。久保卓也以國防政策理論化的形式，致力於確定先前提到的「日本防衛力的意義」與「和平時期防衛力之界限」這兩個問題。另一方，制訂後四次防的具體長期計畫，則由夏目晴雄、西廣整輝以及寶珠山昇這些比久保更年輕的世代、並且是防衛廳的資深官員處理。最後成案的，即是「防衛計畫大綱」。

就在防衛廳於低經濟成長、美蘇緩和的背景下致力於四次防時，由坂田道太就任三木內閣的防衛廳長官。坂田是文教系議員的黨人派政治人物，就任前幾乎與國防問題毫無關係。[2]反之，也可說他不受國防傳統所束縛。坂田一邊注視著和平時期的防衛力設定，一邊強化日美安保體制這兩個問題，認為於密室中形成的防衛政策實為不妥。於是他重新發行在中曾根長官時代曾推出過一次的《防衛白皮書》，並積極地召集民間知識份子成立「防衛集思會（防衛を考える会）」。「防衛集思會」開了一種先例，即當制定新防衛大綱時，都會在由知識份子組成的懇談會中討論。

參加「防衛集思會」的成員，名單如下：

荒井勇（中小企業金融公庫總裁）、荒垣秀雄（前朝日新聞記者）、牛場信彥（前駐美大使）、緒方研二（電電公社總務理事）、金森久雄（日本經濟研究中心理事長）、高坂正堯（京都大學教授）、河野義克（東京市政調查會理事長）、佐伯喜一（野村綜合研究所）、角田房子（作家）、平澤和重（評論家／NHK解說委員）、村野賢哉（KEN RESEARCH社長）

雖然乍看之下，熟悉國防問題僅有高坂、佐伯和牛場等人，但之所以會提出這些人選，乃是考慮到國防問題是與經濟、科學甚至國民生活等各種領域有所關連。坂田長官對這份人選有著強烈的堅持。另外，往後的懇談會也沿襲這種廣納各領域專家組成懇談會的形式。

「防衛集思會」的主要目的是討論四次防制定的基本方針，但也對日本防衛力的角色展開研究。例如，以鴿派身份被邀請參加集思會的平澤和重，舉出了對自衛隊的四

2 譯註：意旨政治生涯中多半從事政黨工作的政治人物，與之相對的是曾擔任過官僚的「官僚派」政治人物。

項要求：（一）消除國民與自衛隊的隔閡；（二）不論有事或平時，自衛隊要經常替國民奉獻；（三）希冀自衛隊可以從事國際合作；（四）打造符合國內外環境、具效率的自衛隊。這是「防衛集思會」基於透過視察部隊、檢視各種資料與討論，在瞭解自衛隊現況後所做的建議。其中第三項「自衛隊可以從事國際合作」應是最為重要。

平澤有如下敘述：「自衛隊參與國際合作，需要修正法規。日本政府嘴巴上高唱要對世界安定做出貢獻，但實際上卻無法完成任何具體援助，如聯合國在中東確保停戰的行動。日本在國際社會上被他國嘲笑『什麼嘛，根本毫無貢獻』時，也只能兩手一攤毫無作為。在這時期，就算被要求在運輸、補給或通信上與聯合國合作，也只能說『那會牽扯到海外派兵問題』而不斷地婉拒。

我想，至少要讓自衛隊平時負責管理與維護政府專用機，有必要時，可從輸送、補給等方面對聯合國維和任務有所幫助。例如總理出訪、或像是最近需要撤出在柬埔寨、越南的海外國民等場合。」

進入一九九〇年代冷戰結束後，平澤在這所說的內容逐一實現。海外國民救援方面，一九八五年兩伊戰爭時，伊朗空軍開始對伊拉克首都巴格達進行轟炸，因而必須將滯留當地約兩百名國民撤離回國。當時自然不能派遣自衛隊飛機，而民間飛機不論是日本航空或全日空也因危險性高無法應付。最後，多虧土耳其政府派遣土耳其航空的飛機，國民才能安全返國。日本的情況就是，連撤離海外國民也非得仰賴他國不可。

由於全球化的發展，旅居海外的日本人也隨之增加；今天，撤離國民已是一個重要課題。雖然進入一九九〇年代後已可派遣政府專機，但仍有許多問題待解。第二次安倍內閣所發起的《安保法制》中，也提到撤離海外國民的問題。[3]也就是說自平澤建言後四十年後，仍無法徹底解決該課題。無論如何，關於日本積極進行國際貢獻一事上，連「鴿派」的平澤也主張使用自衛隊，此與前述南原繁、石橋湛山的看法相同。埋沒於戰後和平主義下，參與國際貢獻的課題再次為人所提出。

「防衛集思會」的成員以各自的立場提出了許多建言，在此無法全部介紹，但容我再舉一人。牛場信彥說：「我覺得最奇怪的，是日本現在存有許多對自衛隊員差別待遇的情況；因自身愚鈍，先前都不曾聽過有這樣過份的事。不論世界上哪一個國家，都會善待士兵，絕對不會歧視或給予不利的待遇。若放任這種情況不管，我想是不用期待

3 譯註：較正式名稱為《和平安全法制》，包括了十部國家安全相關法律的修正案，以及一部新設的《國際和平支援法》，於二〇一五年九月十九日通過，同月三十日公布，並在二〇一六年三月二十九日實施。

自衛隊的士氣會有多高了。」他這番話，正說中了當時自衛隊所處的社會狀況。在身為外交官並熟悉國際社會的牛場眼中，日本社會對自衛隊的差別待遇可說是相當怪異。順帶一提，牛場外交官也積極主張自衛隊參與國際合作。

在「防衛集思會」的討論中最重要的是，主要成員京都大學教授高坂正堯的想法與防衛廳的久保卓也非常相似。也就是說，「防衛集思會」在「討論彙整」中撰寫的內容，實質上與基本防衛力構想重疊。久保日後也當上防衛次官，積極推進後四次防的定案。接著完成的就是「防衛計畫大綱」。那麼，這份大綱的內容究竟為何？又，大綱的根本架構「基本防衛力構想」又是怎樣的思維呢？讓我們來看這點吧。

舊防衛大綱的制訂

一九七六年十月成立的《防衛計畫大綱》修正了四次防為止的長期計畫模式，同時也明確指出日本的防衛力之意義。在防衛廳與自衛隊成立約二十年後，這份大綱正式彙整了日本自己的防衛構想。討論這份大綱時，時常只提到做為防衛力整備基本方針的「基本防衛力構想」。但不應該僅止於此，也應該要包含採用「中期業務預測（中業）」與統幕強化案這些與過去不同的方法，整體性地理解該大綱。

首先，是基本防衛力構想的內容。四次防為止的長期計畫，是以「所需防衛力」為考量，即以對付潛在敵人所需的戰力，來思考我方戰力。這本身是建構軍事力的基本思維，並無特殊之處。但日本的假想敵是蘇聯，光是其遠東戰力的部分就已相當龐大。即使計算出能對抗蘇聯的防衛力，也不見得能實際整建出必要的戰力。而且，在陸海空自衛隊擁有各自防衛方針並只考慮建構自身防衛力的狀況下，長期計畫勢必成為預算的爭奪。由於在有限的防衛預算中，各自衛隊依循自己的防衛構想引進裝備，長期計畫總有點變成索求最新裝備的「購物清單」之傾向。

當時的實情是，日本不斷地進行這種偏頗的防衛力整備，即一方面引進最先進的裝備，另一方卻在彈藥等必須補給品上有所匱乏。而且，以大藏省為首的嚴格審查，造成無法備妥必要裝備，從各軍種的角度來看，他們也積鬱了許多不滿。針對此問題所採用的，即是「基本防衛力構想」。

除了美蘇開戰這種世界大戰的情況外，對日本發動大規模直接侵略的可能性不高；在此想定下，「基本防衛力構想」與「所需防衛力」不同，只將「有限的小規模部隊所發動的局部戰爭」做為想定的威脅。基本的概念是，日本和平時期的防衛力只要能應對「有限的小規模部隊所發動的局部戰爭」就好，並將對這類侵略的「抵抗力」做為整備防衛力的範圍。所謂的「抵抗力」，也是前述高坂正堯說過的想法；中曾根於新防衛力整備構想中所說的「常備兵力」，正是由這種抵抗力組成的防衛力。如圖十的概念圖所見，該構想的考量是，平時以具備充足抵抗力的防衛力（也就是基本防衛力）為整備目標即可；從而能夠去建構把過去不完備的補給部門包含在內的綜合防衛力。

為了執行這種綜合防衛力整備，需要陸海空三自衛隊的整合協調。扮演該角色的應是統合幕僚會議，但由於從現況來看它的權限相當小，因此也推出了統幕強化案。統幕的力量從這個時期起逐漸增加，它也與後述的《日美防衛合作指針》有所關連。

那麼，上述基本防衛力在具體上的規模究竟為何？揭示此內容的，是大綱附錄中的「整備目標」。而為了實現整備目標所引進的，是一種屬於「滾動式計畫」的「中期業務預測」。過去的年次防是由國防會議與內閣通過的政府計畫，也是為期五年的固定計畫。相較於此，中期業務預測則是防衛廳的內部資料，每三年配合計畫實施情況做修正。過去年次防在立案階段不僅要由大藏省來審查，加上其性質屬於政府計畫，有數次在最終審查階段又再次被大藏省（也有時是國防會議）要求修正。也就是說雖然由財政的觀點限制國防政策的束縛仍在，但新作法僅在立案階段接受財政審查。其考量源自於確保國防政策獨立性。

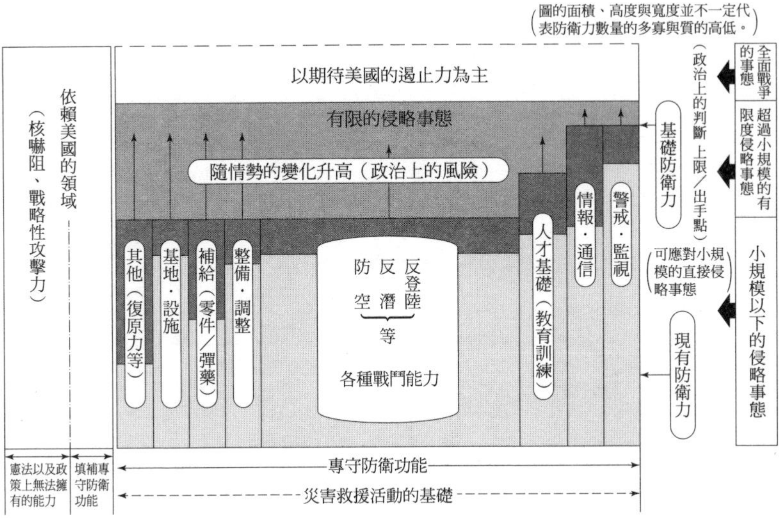

圖 10　基礎防衛力構想概念圖

透過防衛計畫大綱的定案，日本的防衛計畫跳脫最早從財政框架下籌劃長期計畫的狀況，讓更重視國防政策必要性的計畫得以實施。不過，《防衛計畫大綱》以及其基礎「基本防衛力整備構想」在成立後立刻遭到嚴峻的批判。

對舊大綱的批判

基本防衛力整備構想會招致嚴厲批評的最大主因，就是該構想的發言人久保卓也——他毛遂自薦積極地擔任解說人——在其構想中強調的基本前提是：「脫離威脅論」。確實，做為大綱前提的國際形勢處於低盪（美蘇緊張緩和），幾乎不可能發生對日本的大規模侵略。久保雖強調這點是「脫離威脅」，但實際上，他仍把計算基本防衛力所需程度的標準「有限的小規模部隊所發動的局部戰爭」定位成一種威脅。雖然這絕非全然「脫離威脅」，但這點與大綱定案時，蘇聯明顯的軍擴情況以及低盪瓦解等議題相互結合後，遂有論者批判在大綱成立的時間點，其內容已不符合國際情勢。

對大綱的批判來自四面八方，但對此展開最嚴厲批判的是制服組。由於坂田防衛廳長官的方針，也給予了制服組自由發言的機會，遂促使制服組踴躍發言。批判者主要以退休人員為中心，現役自衛官則較少發言。他們強烈主張一種反論：「脫離威脅」不僅不符合國際情勢，基本防衛力整備構想所倡議的「擴張論」——在有事之際急速地擴大軍備至必要規模——也不符現實、不可能實現。確實，海空部隊的主要裝備，是不可能如此簡單就能增強的。

不過雖然有這些批判，《防衛計畫大綱》也沒有立刻修正。畢竟大綱只是試圖回應一九七〇年代國防政策的兩大課題：「重新修正至今為止長期計畫的模式，開啟嶄新防衛力整備的可能性」以及「日本防衛力的意義與和平時期的防衛力規模。」況且石油危機後，國際經濟低迷，日本財政重建問題也愈發重要，在情勢上並無法去期待增加國防預算。日本政府也幾乎與大綱定案同時間決定將國防預算設定在國民生產毛額的百分之一以內。從抑制國防經費的意義來看，政府也很重視設定和平時期防衛力的大綱。

另外，當時防衛廳也處於內部變化時期，即擔任廳內樞要的人員，由舊內務省警察廳官員轉為大藏省或其他官廳的出身者。在久保之後，由同為警察出身的丸山昂就任防衛次官，但此後三任防衛次官皆是由大藏省出身者擔任，其中也有人先前從未擔任過國防政策中心的防衛局長一職。於是事態遂成為，防衛廳內的資深人員逐漸成長為中堅幹部，但另一方面防衛廳的高層卻由毫不通曉國防政策實情的人擔任。

二、「日美防衛合作指針」的成立

從低盪到第二次冷戰

從審議後四次防計畫的一九七〇年代前半到中期，也是所謂「低盪」（美蘇緊張緩和）的時期。這時期美中兩國開始接觸、美蘇間也簽訂戰略武器限制條約（SALTI），兩國由互相對峙的狀態，朝著更加和平與安定的國際社會方向前進；在東亞情勢方面，中國終於從文化大革命的混亂中逐漸恢復安定，而美中關係，中國也從反對日美安保的立場轉趨承認日美安保，這些都是有益於日本的情況。另外，一九六〇年代中期加劇的越戰終於結束；也有人開始呼籲朝鮮半島南北對話，可以看出日本周圍情勢較為安定的傾向。因此，《防衛計畫大綱》是以這種國際情勢為基本前提而制定的。

但是，進入一九七〇年代中期後，就已經開始看到低盪局面的破綻。最大的原因是，中東的動盪導致國際情勢不安定，以及蘇聯延伸至亞洲的軍備擴張。中東問題並非始於七〇年代，但由於一九七三年第四次中東戰爭以及其所引發的石油危機，世界經濟因而大混亂。參與OPEC（石油輸出組織）的阿拉伯各國，做為掌握石油這個重要戰略資源的國際政治重要行為者，在七〇年代逐漸為世人所重視。中東的動向，明顯地將會為世界經濟帶來極端重要的影響；另外，此後發生的伊朗革命等中東動盪事件，成了促使國際情勢不穩定的主要重大因素。

過渡深入越戰的美國在戰爭結束後意圖縮小在亞洲方面的影響力。而蘇聯軍擴的主要表徵，則是在亞洲與印度洋方面增加壓力。蘇聯以在越南擴建海軍基地、積極展開亞洲外交為開端，加速蘇聯艦隊在印度洋方面的活動。如同蘇聯於印度洋的活動所見，其關注之處明顯地在於中東情勢；而蘇聯與伊朗、伊拉克的關係也於此時期加深。另外，此時蘇聯的軍擴尤以海軍為顯著。美國因越戰的影響使得財政惡化，並削減軍費縮小海軍；另一方蘇聯海軍確有著明顯的增強趨勢（參考圖十一）。

此際的海軍擴張，促使過去被稱為沿岸海軍的蘇聯海軍成長為藍水海軍。其證據是於一九七〇年在全世界舉行的「海洋演習」。此為海軍軍事訓練，而在一九七五年規模更大的「七五海洋演習」。美國國力因越戰疲憊，又因締結SALTI而放鬆戒備，蘇聯就趁此之間逐步擴軍，負責美國國家安全的官員因而受到世人嚴厲的指責。

蘇聯的軍擴與自衛隊

蘇聯的軍擴也延伸到遠東方面，即增強太平洋艦隊與在北方領土部署部隊。[4]在過去，蘇聯若增強海軍，通常會以波羅的海或黑海等大西洋方面的艦隊為優先。不過進入一九七〇年代後，蘇聯將其海軍第二艘航空母艦明斯克號配屬於太平洋艦隊，以此為肇始，蘇聯同時也大幅增強太平洋的核動力潛艦。美國海軍以往就視蘇聯太平洋艦隊的潛艦為威脅，如今這威脅因而更為擴大。

4 譯註：此指日本於宣布投降後，蘇聯趁機佔領的擇捉島、國後島、色丹島與齒舞群島等位在北海道以北的島嶼。

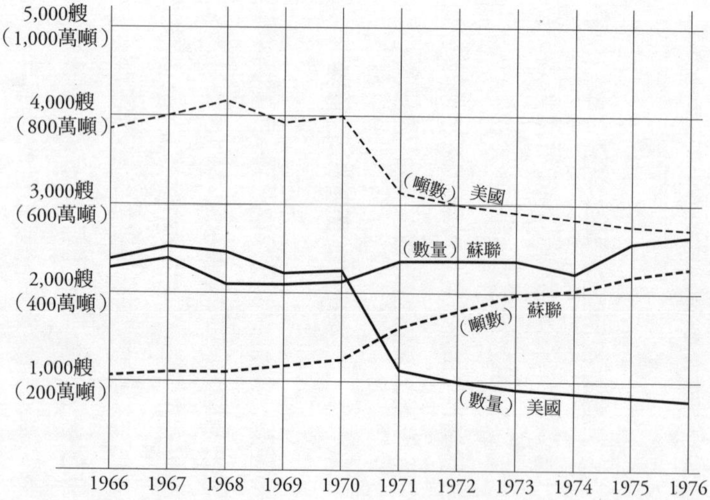

圖 11　美蘇海軍兵力的變化　　　（出處）《防衛年鑑》1980 年版，161 頁

不只是海軍，蘇聯於一九七八年在北方領土部署地面部隊，另也配屬了Tu-22逆火式長程轟炸機。一九七〇年代後半，美國開始將遠東的蘇聯軍視為嚴重的威脅。這反映在美國對日本增強防衛力的要求上。

面對這種情勢，自衛隊採取了什麼樣的方針呢？由於陸上自衛隊平安地渡過了一九七〇年的安保延長問題，遂由六〇年代的「應對間接侵略／重視維持治安」方針，轉而建構以「應對有限的直接侵略」為基本方針的戰略。接著將北海道想定為可能遭受直接侵略的地區，強化部署於此的部隊。這與防衛計畫大綱中要求陸自應對「有限的小規模武力攻擊」的想法，基本上是一致的。

另一方面，海上自衛隊與美軍的合作則更加深入。經過三次防，海上自衛隊終於成長為美軍也高度讚賞的部隊。海自屢屢與美國海軍實施共同訓練，其高昂的士氣與訓練度更是獲得好評。如前所述，海上自衛隊所保有的作戰目的是在三海峽封鎖蘇聯潛艦，以此補足美國海軍在太平洋的反潛能力。從戰力持續低下的美國海軍來看，海上自衛隊的反潛能力可說是寶貴的戰力。美國海軍也於一九七〇年代中期修訂訓練手冊，兩國海軍的緊密關係因而更加深了一層。

以上海上自衛隊方針，與陸上自衛隊「防備對本土直接侵略」的方針大相徑庭。實際上，對於搭載著侵略日本本土部隊的船團，海上自衛隊僅具有相當有限的能力，主要還是以反潛作戰為主。

對此具有代表意義的事件，是一九七四年十一月的「第十雄洋丸」液化石油氣體（LPG）船擊沈事件。「第十雄洋丸」與賴比瑞亞籍貨輪碰撞，造成三十三人死亡，且船體持續燃燒；日本政府下令擊沈該船，最後由海上自衛隊負責處理。海自從十一月二十七日開始攻擊，直到隔天二十八日傍晚才擊沈該船。就算「第十雄洋丸」是艘有許多隔間不易沈沒、超過四萬噸的液貨船，仍有許多人批評海自花費太多時間。但在沒有攻擊船舶用的大口徑砲、只有反潛魚雷的狀況下，對以反潛為主而非反艦的海上自衛隊來說，也是莫可奈何。

陸上自衛隊與海上自衛隊基本方針的差異，也在於是否要以本土防衛為中心考量。陸上自衛隊在性質上，當然會以本土防衛做為考量點。但海上自衛隊自創立以來的歷史脈絡，其基本方針是與美國海軍之間的共同行動。而且對於和美國海軍有密切接觸的海自來說，比起對日本本土的直接侵略，因朝鮮半島情勢與中東問題而發生危機的可能性還更高。防衛大綱的內容是以對本土侵略做為想定，海自的方針事實上也與此分歧。往後日美防衛合作指針的制訂，遂對海自的方針產生了重大意義。

日美軍事合作的具體化

熱心推動日美防衛合作問題，促成《日美防衛合作指針》（簡稱《指針》）的，是在久保卓也防衛次官下擔任防衛局長，於久保之後繼任次官的丸山昂。丸山也是舊內務省出身的警察官員，雖曾於一九六七年擔任防衛廳官房總務課長，但直到就任防衛廳官房長官之前，幾乎未曾參與國防行政的中樞。海原治是保安廳成立以來的固定成員；久保則數度往來於防衛廳與警察廳，同時又參與防衛力整備計畫所有事項；與他們比起來，丸山宛如防衛廳內局的旁系。防衛計畫大綱的制定作業，好似一個集合體，將至今為止防衛力整備計畫所保有的各種問題集合起來；而丸山幾乎沒有參加過大綱的制訂，他專心致志於日美防衛合作的強化。根據丸山自己的回憶，在他剛到防衛廳時，發現日美之間並沒有對日本的防衛計畫進行詳細的討論，對此他感到疑惑，並在就任防衛局長時決心處理這個問題。

丸山在此想實現的是，在日美兩國之間建構一個商討具體運用安保體制的機制，以及日美兩國國防首長間的定期協議。關於前者，日美間已設有安全保障協議委員會（SCC）、安全保障高階事務層級協議（SSC）以及安保運用協議會（SCG）。但SCC日方的出席代表為外務大臣與防衛廳長官，美方卻是駐日大使與太平洋司令部司令，有著結構上的問題；而且SCC只是處理安保基本問題的管道。SSC為雙方次官層級之間的會晤與交換意見的場合；關於更具體的協商場合，雖然有一九七三年一月，大平正芳外相與羅伯特．英格索（Robert Ingersoll）駐日大使雙方同意成立的SCG，但SCG為外務省主導，機能仍是對日美之間國家安全的所有問題進行意見交換。因此，丸山才認為有必要建立一個具體協商所有國防計畫內容的場合。

至於國防首長間的定期協議，源自於中曾根康弘時代的安全保障協議委員會成員變更問題。中曾根的考量是，兩國都以部長級官員作為委員會成員，試圖明確日美之間的對等性。雖然當時中曾根防衛廳長官與美國國防部長梅爾文·萊爾德（Melvin Laird）之間的互訪得以落實，但無法更進一步具體實現變更委員會成員一事。因此，中曾根的目的是以兩國間部長級定期協商的形式，企圖把日美雙方放在對等伙伴的立場上。在三木武夫內閣成立後擔任防衛局長的丸山昂，就上述協商具體安保運用場合之建構，以及日美間國防首長的定期協商等事項，向坂田道太長官提倡日美協商的必要性，並獲得首肯。美國國防部長施萊辛格（Schlesinger）得以訪日，以及坂田與施萊辛格的會談，逐漸邁向「日美防衛合作小組委員」的設立。

這裡的問題如同丸山最初的疑問：為何最初雙方沒有關於日美共同行動的具體協商？答案如同前面章節所述，至今為止的防衛政策中，其基本想法是把美軍基地的存在視為一種遏止力，故並不特別重視日美共同行動。而久保卓也的基本想法——我在後面也會提到，是以日本本土為中心的自主防衛，他幾乎沒有意識到日美共同行動的必要性。不僅如此，久保還對丸山推行的日美合作有所懷疑。因此在防衛廳內部，以「自主防衛」為主軸制訂防衛大綱之工作，是由廳內資深人員為核心；推進日美合作的工作則以丸山為中心，兩者之間遂成了幾無交集，各行其是的情況。

像這樣同時採取兩條路線進行的背景，是因坂田長官所導致。坂田是文教系議員，對國防問題認識不多，故反而能跳脫過去的歷史背景，以自身的判斷行事。坂田就任防衛廳長官時的重要課題，是如何設定和平時期的防衛力界限，以及找出日本防衛力的意義。為了回應這些課題，坂田的想法是採用「基本防衛力構想」並制定防衛大綱；同時鞏固日美安保體制，讓日本防衛力不至於過份龐大，能建立更紮實的國防體制。

舊日美防衛合作指針的意義

獲得坂田長官支持的丸山，努力將日美合作具體化，好不容易實現了日美國防首長定期會議以及日美防衛合作小組委員會的設置。最後完成的，是決定日美防衛合作具體內容的《日美防衛合作指針》（一九七八年十一月）。這份指針有兩大問題：第一為適用範圍；第二為指針與防衛大綱的關係。

先來看第一個問題。安保條約第五條提到日本本土防衛；第六條提到遠東的和平與安全。從日美之間「制服組」純軍事的角度來看，朝鮮半島的混亂以及其對周圍的波及，比當時甚囂塵上、蘇聯攻打北海道的說法更有可能發生。考量到「日韓命運共同體」，安保條約第五條的「日本防衛規定」與第六條的「基地使用規定」實為「表裡合一」，無法分開來思考。從而，制服組一直期待推行包含《指針》與安保條約第六條在內的日美合作。但是顧及到國內政治情勢，最後只以安保條約第五條做為日美合作的中心；安保條約第六條下的日美合作——往後稱為「周邊事態」——必須等到大約此後二十年的《新指針》方能實現。

然而日美雙方在海上防衛問題的合作，有著重大意義。《指針》正式定調日美之間的海上防衛合作內容，如「海上自衛隊與美國海軍，為了防衛周邊海域以及保護海上交通，共同實施海上作戰」以及「海上自衛隊的作戰主體是，防備日本重要的港灣與海峽，以及周邊海域的反潛、船舶保護和其他作戰的實施」（底線為作者所加），這對創立以來一直以與美國海軍的合作為念的海上自衛隊來說，具有重大意義。事實上，上述《指針》的合作，已超過防衛大綱規定的範圍。大綱所規定海自的任務如下：

2. 海上自衛隊

(1) 保有一個護衛艦隊——該艦隊平時至少要能夠維持一個快速反應的護衛隊群，做為機動運用、能應對海上侵略等事態的艦艇部隊。

(2) 於每個規定的海域內，保有反潛水面艦艇部隊——該部隊平時至少要能維持一個可隨時出動的支隊，做為以警戒與防備沿岸海域為目的之艦艇部隊。

(3)保有潛艦部隊、旋翼反潛機部隊以及海上掃雷部隊，以在必要的情況下，能夠實施重要港灣、主要海峽的警戒、防備與掃雷。

(4)保有可執行周邊海域偵察警戒、海上護衛等任務的固定翼反潛機部隊。

上述內容並沒有以《指針》底線部分做為想定的內容。這裡就成了《指針》與防衛大綱間第二個問題。我在前面提過，防衛計畫大綱中自衛隊的角色，始終並未超出本土防衛的範圍。在大綱定案上扮演重要角色的久保卓也，將日美安保體制定位為「遏止力」，並認為只要安保發揮功能，「很難想像在現今的國際情勢下，會發生大規模的侵略；相反而言，由於很難否定奇襲式的小規模侵略，因此該程度的侵略，大致上以我國可以獨力應對，這是一種試圖保持『有事快速反應』的思維」。此即久保對「基本防衛力構想」的理解。從而，久保的觀點是「這個構想（基本防衛力構想）雖由日美安保體制支撐，但不如說它的想法是在於提高我國防衛力的自主性」。

換言之，若日美之間的合作程度更為深入，將發生影響日本自主性的情況。久保認為「以基本的期望來說，日本只要防衛其周邊即可；美國方面也許會提出許多意見，希冀日本防衛其又長又廣的海上交通線以及印度洋，但那些都不會成為實際的對日政策」。不過，美國對日本的期待以及日本重視本土防衛的考量，兩者間仍有落差。「整體來看，有必要使美國理解日本防衛的實際情況，以及自主防衛的本質。」久保也如是擔心。隨後，與久保的期待相違，日本以本土防衛為中心的想法，與美國以海空防衛力做為整備重點的要求，立刻出現對立。

三、何謂「綜合安全保障論」？

美國要求增強防衛力

那麼，有部分內容與防衛大綱缺乏整合性的《指針》是如何定案的？如前述，當初雖有坂田道太長官的支持，但《指針》定案的一九七八年已是福田內閣時代。考慮到這點，較有力的說法認為當時的日美關係情勢對《指針》的定案有推波助瀾之效。《防衛計畫大綱》於一九七六年十月二十九日在國防會議定案後，三木武夫隨即於十二月十七日表明辭意；同月二十四日，福田赳夫內閣成立（防衛廳長官為三原朝雄）。恰巧，美國也處於政權交替時期，由卡特取代福特接任美國總統。然而福田所面對的，卻是美方比以往更加急迫的增強防衛力要求。

實際上如前述一般，蘇聯的軍事擴張有著顯著的成長。蘇聯海軍的增強——特別是蘇聯海軍推進到影響中東地區甚大的印度洋，和以部署Tu-22逆火式轟炸機為象徵的蘇聯遠東軍擴張——對美國有著極大影響。特別是美國因軍事支出削減，正試圖從大幅縮小海軍戰力的狀態，朝著越戰後所修正的軍事戰略「新機動陸軍、海軍優先」推展；蘇聯的擴軍對該戰略有著重大影響。接著，美國國防部於一九七七年一月的國防報告書中也提及對日關係的重要性。因此，不論從卡特政府提倡的駐韓美軍撤退，或是以蘇聯威脅論為基礎的美國國家安全戰略來看，日本在國防問題上，必須面臨美國要求其擴大責任的狀況。

福田內閣回應此課題的方針，即是積極策劃推進由丸山昂次官主導的日美防衛合作。福田內閣成立後，日美雙方對至今所產生的國防問題熱絡地進行意見交換。如一九七七年六月，美國防部長布朗（Harold Brown）訪日；同年九月三原防衛廳長官訪美與布朗會談。一九七七年十二月，日本決定引進一百架F-15鷹式戰鬥機做為次世代主力戰鬥機，以及四十五架P-3C獵戶座反潛巡邏機。進而在一九七八年一月二十七日第十七次日美安保協議委員會上，象徵日美合作的《指針》拍版定案。

規避國防問題的日本政治

由於《指針》的制定，日本形成了兩條互相欠缺整合性的國防方針。至於說這兩條方針是否有相互調整，答案是否定的。先不論海上自衛隊，陸上自衛隊在《指針》成立後，針對與美軍之間共同行動的協商與研究方有所進展，在此之前兩國陸軍幾乎沒有互動。但日本並沒有重新研究做為國防政策基本方針的防衛大綱，而且如前所述，大藏省人員進駐的防衛廳內部也不見其積極進行政策調整的態度。當時具體的情況是，適逢財政重建問題的大藏省試圖壓縮國防費用的增加，美國卻又施壓日本增強防衛力；防衛廳夾在大藏省與美國之間，苦思如何將國防費用維持在一九八〇年度預算國民生產毛額的百分之〇．九，在應付內外情勢上可說已是殫精竭慮的處境。接下福田政權的大平正芳採取的是「大綱路線」，這部分容我後述，但以中級幹部的角度來看，也許會因此認為沒必要對首相提出變更路線的建議，也就更沒有餘地推動「《指針》路線」。

不過，這裡的問題在於，防衛大綱也好，《指針》也罷，它們都是由防衛廳內局官僚所主導制訂。坂田道太長官雖積極地深入參與防衛政策，但在內容方面卻是依從內局官僚們的想法。本來，防衛政策這種國家安全的核心課題應由政治人物負責擘劃新案，但以防衛廳內局為國防政策計畫中心的結構依舊不變的話，政治人物也就無從下手。前述視戰爭或軍事為禁忌的社會傾向依舊存在；在朝野兩黨於國家安全政策理論上對立的政治現況下，想在政治場合對國防政策做深入的建設性討論仍屬困難。多數政治人物對此避之唯恐不及。

有兩個事件可象徵這種情況，即「米格25事件」和「栗栖弘臣統幕議長針對法規外的發言暨罷免事件」。這兩事件都牽涉到日本的國防體制以及政軍關係，前者尤為重要。事件的經過如下所述：

一九七六年（昭和五十一年）九月六日下午一時五〇分，蘇聯最新型戰機米格25（北約代號「狐蝠」）突然進犯日本領空，並於函館機場強行著陸。駕駛員維克多・伊凡諾維奇・貝連科中尉（二十九歲）要求美國政治庇護。蘇聯方面則要求與貝連科中尉會面、不可侵入機體以及儘速返還同機。九月九日，貝連科與蘇聯大使館會面後，離境流亡美國。米格機機體於九月二十四日至二十五日凌晨，由C－5運輸機自函館機場運至航空自衛隊的百里基地進行調查。十一月十二日，該機由百里基地移送茨城縣日立港；同月十四日經由蘇聯貨船「泰格諾斯」交還機體。（伊藤皓文，〈米格25事件〉《新版日本外交史辭典》）

這起事件凸顯了日本在國防上的各種問題。首先是應對侵犯領空的能力問題。針對侵犯領空的米格機，航空自衛隊兩架F-4幽靈II式戰鬥機雖緊急起飛，但地面的雷達站卻無法追蹤空自戰鬥機與米格機，直到米格機降落在函館機場時才被發現。空自對於低空入侵飛機的警戒偵察能力，以及攔截機的俯視能力為人詬病。而問題的重要性，並不止於自衛隊能力而已。

米格機強行著陸後，自衛隊與警察都接獲來自機場的通報。不過，基於「既然米格機已著陸並停駐於機場，其管轄權就屬於警察」的理由，自衛隊完全被排除在外。常識上，軍用機侵犯領空的案件自然屬於軍事機構所管轄，但自衛隊當時連想要取得情報都得煞費苦心。甚至，接到通知的政府內部，上演了一場消極的權限紛爭，一場官廳之間都不想涉入此事的紛爭。防衛廳、警察廳、外務省以及運輸省，綿綿不絕地召開會議。

就在各官廳間開會期間，有情報指出蘇聯為了守護最新銳戰機的秘密，正在準備奪回或破壞米格機的軍事計畫。從軍事角度看，此事絕非不可能。日方考量了各種蘇聯的可能行動，例如以飛機、船艦攻擊，或是以特種部隊進行破壞工作。對自衛隊來說，若蘇聯有所行動就等同於日本本土遭受攻擊，當然應予以處理。自衛隊以青森縣大湊的海自、陸自第十一旅團（師級）第三十二普通科連隊（團級）為應對主力，而其他部隊也做好了支援的準備。與平時訓練不同，自衛隊是以實戰為想定來做出擊準備。面對可能是戰後首次進行的實戰，據說自衛隊各部隊是心存疑惑地進行著戰備。

海上自衛隊的護衛艦只有主砲備有實彈，魚雷則無。這乃因長期國防計畫是以硬體裝備為中心，因而延後了彈藥儲備、改善乘員居住環境等事項。若與蘇聯海軍進行實戰，絕不可能僅以主砲與之對抗，但海自仍得出擊迎敵。陸自第二十八普通科連隊（團級）的高橋永二團長，一邊激勵著對可能發生實戰感到不安的部下，另一邊又不得不思考具體的作戰計畫。以日本的情況來說，自衛隊被迫煩惱一些應敵前的瑣事，例如該如何處理聚集在機場周圍的圍觀民眾？車輛人員在趕赴現場時遇到紅燈固然不能停下，但又該如何應對等。這就是「專守防衛」口號下的實際情況。

更嚴重的是政治責任問題。要讓現場部隊做出動準備，本來就需要明確的指示與命令。為了讓自衛隊發揮軍事組織所持有的實力，法律上必須由政府發出「防衛出動」的命令。而如前述的出動準備，應發出「防衛出動待機命令」。實際上，不論是陸上幕僚監部或是現場部隊指揮官，都預期會接到「防衛出動待機命令」而早一步預做準備。當時擔任防衛局長的伊藤圭一考量到政府發出待機命令的可能性，而預先指示自衛隊進行準備。

但是，到了最後政府仍沒有任何具體的指示。三木武夫首相雖多次接到來自陸幕的詢問，卻沒有下達指示。在國防政策改革上發揮長才的坂田防衛廳長官，為了取回被警察廳掌握的管轄權而與其交涉，但此外他什麼也不能做。事實上，當時的三木政權正處於「打倒三木」的倒閣運動方酣之際。應於「文人領軍」概念下承擔責任的政治家，此時卻忙於權力上的政治鬥爭。

在沒有政治命令下就備好實彈的「出動待機」，有違反文人領軍之虞。從而可以輕易地批判當時現場部隊的行動，是與舊日本軍如出一轍地「獨斷專行」。前述蘇聯將攻擊日本的情報實屬誤報；由於貝連科中尉很早就表達流亡美國的意圖，政府因而將其視為外交問題來處置，而非國防問題。但政府的想法並沒有以明確的形式傳達給現場的部隊。也就是說，該如何處理政治上的責任一事，依舊沒有解決。日本不該認為高唱「專守防衛」這個口號就萬事足矣。「國防」的目的在於「養兵千日用在一時」，此事的政治責任是相當沉重的。

米格25事件凸顯了實際發生危機時，日本國防體制的諸多漏洞。兩年後，栗栖弘臣統幕議長明確點出日本國防問題，卻引來爭議。

所謂「栗栖統幕議長發言問題」（一九七八年），乃是栗栖統幕議長發言認為，若日本發生直接侵略事件時，由於自衛隊應敵的相關法律制度並不完善，若情況屬於緊急事態，自衛隊不得不採取法規外的行動；栗栖因這段發言而遭當時的防衛廳長官金丸信罷免。栗栖議長過去就曾對外進行各種發言，有些內容也涉及機密情報，最終招致免職；但他的主張以及他本身並無不當。從陸自出身的栗栖議長來看，儘管擬定了以北海道受到侵略為想定的應對戰略，但部隊由於法律制度不完備而無法確實行動，自衛隊就無法負起禦敵之責。

為了打破這種局面，應儘速制定《有事法制》。不過，一九六〇年代防衛廳內部雖然對此有所研究，但由於發生一九六五年的「三矢研究事件」而演變為政治問題；「有事問題」遂成為政治人物不願處理的課題。福田內閣時期雖開始著手研究《有事法制》，但政治上並沒有採取主動，最終只將這份工作交由行政機關而已。直到栗栖事件過了二十年以後，《有事法制》才於二〇〇三年制定完成，由此便可清楚瞭解，一直以來「政治」是如何避免對防衛政策進行實質並即時的討論。不過，並不是所有政治人物都在冷戰結束以前，對國家安全問題意興闌珊。日本有位政壇有力人士，曾試圖構思出適合日本的國家安全政策，那人就是大平正芳。

大平正芳與綜合安保論

《指針》成立後，福田內閣於十一月六日內閣總辭，隔日大平正芳內閣成立。大平是「宏池會」的後繼者，該會是繼承吉田茂「重視經濟，輕型武裝」路線的池田勇人所屬派閥。大平屬於所謂的「保守本流」，對防衛力增強一事態度消極。不過，大平不只是單純地拒絕美國對增強防衛力的要求，他還試圖建立自己的國家安全戰略，與至今為止吉田路線的繼承者有著迥異的性格。而大平的國家安全政策，便是「綜合安全保障」此一想法。

大平於一九七七年十一月一日公告舉行的自民黨黨主席選舉時，發表了題為「複合力政治」的政見。該政見提出往後治國時的一套基本戰略與兩項計畫，做為他的基本政策。

這套基本戰略即是「綜合安全保障戰略」。根據大平的意見，隨著福田內閣推行日美合作強化以來，日本的國家安全也被迫大幅聚焦在軍事觀點上。相對於此，「綜合安全保障戰略」並不會忽視軍事觀點，但它將維持一種「有節制、高質量的自衛力」，並透過紮實的日美安保與內政來謀求綜合性的國家安全。這種想法與推動防衛大綱的久保卓也，以及與久保思想相近的京都大學教授高坂正堯有所相同。高坂是大平經常請益的有識之士之一，我們可以認為，大平的思想反映著高坂與久保的意見。

大平期待自己的政權能夠長期持久，成立了九個政策研究會以擬定各種長期政策，此事廣為人知。這些政策研究會中，與國家安全政策有關的團體是一九七四年成立的「綜合安全保障研究小組」。該小組以豬木正道（京都大學榮譽教授、前防衛大學校校長。以下提到的均為當時的職稱）為議長——豬木本人也擔任由財經界與防衛廳相關人士甫設立的「財團法人和平與安全保障研究所」的理事長，以飯田經夫（名古屋大學教授）、高坂正堯（京都大學教授）為幹事。其他來自學界、以政策研究員身份參加的有木村汎（北海道大學教授）、佐瀨昌盛（防衛大學校教授）、佐藤誠三郎（東京大學教授）以及中嶋嶺雄（東京外語大學教授）。另外也有曾野綾子、黑川紀章和江藤淳這些文藝界人士的參與。政府官員則有防衛廳的佐佐淳行、外務省的渡邊幸治以及通產省的木下博生等人加入。若包含秘書與顧問在內，該小組總共有二十五名人員組成。

重點在於，該研究小組的中心人物，是身為幹事並且最後負責彙整報告書的高坂正堯。身為議長的豬木在京都大學任教時期就與高坂深交；而且豬木擔任理事長的和平與安全保障研究所，其實質的核心人物即是久保卓也。他曾任防衛次官並成為國防會議事務局長，於一九七八年十一月辭職後，於同年十二月擔任該研究所的常務理事。從而「綜合安全保障研究小組」內部的討論，想必清楚地反映出久保或高坂的意見。不過，該研究小組於隔年七月完成的報告書，因大平正芳在一九八〇年六月全國選舉正酣之際驟逝，故沒有被大平本人加以活用。

綜合安全保障與舊大綱

一九八〇年七月二十二日，臨時代理首相的伊東正義提交了綜合安全保障小組的報告書。在日本至今為止只針對日美安保體制的優缺、憲法問題進行討論的背景下，該報告書清楚整理了日本存有的問題點與今後的課題；考量到這點，就該給予高度評價。做為政策建言，該報告書的內容有兩個重點。

第一，以美國國力衰弱的情況為背景，該報告從多個方面去理解威脅日本國家安全的問題。這份報告分析了經濟、資源、能源等各種面向的問題，深究出日本應有作為之事。它了解並認識到國際穩定才是對日本國家安全不可或缺之事，故也提到於中東執行PKO一事。

第二，放寬軍事想關佔有的比重。綜合安全保障構想的宗旨為，避免先前在日美合作進程中過分強調軍事面的情況，並在政治或經濟上多方思考國家安全政策。也就是說，從一開始，軍事方面就僅是綜合安保的一部份；這種思維估計也能淡化《指針》成立以來一直甚為人關注的軍事問題。從而，綜合安全保障構想中有關軍事的討論，基本上是以日本本土為中心的自主防衛論，而非廣泛的日美合作方式。

不過，報告書絕對沒有忽略當時國際情勢中相當顯著，稱為「二次冷戰」的情況。如同報告書所闡述的「美蘇間的軍事平衡，因一九六〇年代中期蘇聯軍備擴張而發生了變化」，該報告也正確地分析了蘇聯增強軍事力對國際政治的影響。蘇聯軍擴所產生的轉變為「美國逐漸無法像過去那樣，以一國之力在各種範圍與層面上提供安全」。這種變化將「增加日本軍事安全的課題」。也就是說報告書認為，只依靠美國就能確保安全的情況業已終結，「在區域權力平衡方面，該地區內各國的軍事力比以往更重要」。

不過，儘管報告書闡述：「因此，戰後的日本首次必須在國家安全政策上認真思考如何努力自助；不僅是日美之間全面的友好關係，在軍事關係上也需開始準備，使其能夠實際發揮良好功能。」但並沒有具體說明什麼是「全面的友好關係之外、能夠發揮良好功能的軍事關係」。報告書此後論及，美國軍事優勢的終結，在外交上具有更廣泛的意義。而此後的討論就轉到日本的外交角色問題上了。以結論來看，這份報告書在軍事方面的特徵，是四平八穩地論述了自衛力增強一事。

接著在談論自衛力問題時出現的，是高坂與久保所定義的「抵抗力」此一概念。再下來則是批判日本連防衛大綱所規定的內容都無法實現的現況，甚至斷言「彌補以上缺失，應是高優先順位的課題。只需確實實施《大綱》所定內容就可解決（引自報告書中「自衛力的強化」部分）」。

不過，如後所述，美國不僅要求日本強化自衛力，而是進展到要求日本在對抗蘇聯軍事威脅上共同行動的階段。而該報告書並沒有為此問題準備答案。毋寧說，考慮到連增強自衛力都可能形成爭議的日本政治情況，現階段日本與美國尚未有共同對抗蘇聯的想法。換句話說，國際政治環境已超過該報告書（或是日本對國家安全的議論）所想定的階段。

話說繼承大平內閣的鈴木善幸內閣並未有效利用綜合安全保障論。對於美國強烈要求增強防衛力，以及今後將會逐漸浮上檯面的共同作戰問題，這份重新質問日本國家安全應有作為的報告書，最終沒能應用於現實政治之中。這份有關「綜合安全保障」的重要政策建言報告書，卻因失去了大平正芳這位有力的支持著，終究沒能昇華為實際的政策。

國際情勢的緊張與第二次冷戰

大平把「綜合安全保障政策」的具體化工作委託給研究小組的這段期間，美國對增強防衛力的要求也更加嚴厲。例如一九七九年七月三十一日舉辦的第十一次日美安保高階事務層級會議中，美國要求日本提高海上防衛力，並以自身之力保護日本周邊的海上交通線（ＳＬＯＣ）。甚至，同年九月十七日，美國參議院外交委員會公布一份要求強化日美合作的報告書。十月二十日，美國防部長布朗訪日之時，也就防衛力增強一事提出要求；由於增強防衛力與重建財政關係甚密，日本政府對此甚為苦惱。

在這樣的歷史背景下，國際關係發生了巨大的變動。伊朗爆發革命，美國大使館遭到佔領。在此氛圍下，因為日本企業從伊朗採購石油，使得美國輿論對日本的評價惡化；日本政府在此也窮於應對。

在這樣的國際環境中，發生了蘇聯入侵阿富汗的戰事。以此為契機，卡特政府對蘇聯的態度完全強硬起來，世界朝向所謂第二次冷戰的情勢發展。一九八一年一月，卡特總統發表「卡特主義」，旨在聲明任何外部勢力為支配波斯灣地區所做的企圖，將視為對美國基本利益的攻擊，美國將以包含軍事在內的所有手段予以擊退。為了在印度洋這片近睨中東的海域展開兵力，美國明確地採用了擺盪戰略，即「特別是太平洋第七艦隊，要經常處於重視戰略彈性的態勢，立足於全世界，擺盪於全球之間」。為了從規模縮小的美國海軍戰力中，分出部隊向印度洋展開，也就有必要獲得同盟國比以往更進一步的合作。

由於蘇聯的軍事擴張，《大綱》對國際情勢的理解，並作為前提的「低盪」已不復存在；大綱批判派也對此發起爭論。從大綱批判派的觀點看，蘇聯的軍事擴張證明了「低盪」不存。自一九七八年起，蘇聯對北方領土再次部署地面部隊為開端，一九七九年九月又證實了蘇聯於北方領土建設新基地。蘇聯於遠東配屬Tu-22逆火式轟炸機等事實，讓東亞方面的軍事緊張程度隨之增高。對大平正芳來說，他寄予厚望的綜合安全保障報告書在完成之前，國際情勢就大幅變動，因而必須面臨美國對日本增強防衛力的強烈要求。美國的要求，具體來說，首先是催促日方儘早完成防衛廳正在擬定的「中期業務預測」；接著是對蘇聯的共同作戰問題。大平內閣時期，主要迫於應付前者。

從結論來說的話，「中期業務預測」問題始終存在於大平政權後期的日美關係。政府內部也分成兩派對立，分別是考量到對美關係而贊成提早實施「中業」的外務省，以及脫離政府主導的長期國防計畫、掌握國防政策主導權的防衛廳。大平於一九八〇年四月訪美時，也針對提早實施「中業」的問題與美國有著明顯的分歧。結果，在國防問題上，大平始終無法找出化解與美國意見歧異的積極方法；隨後國會通過了不信任案，日本國會重選，大平最終於競選期間驟逝。

四、「日美同盟」的路線強化

雷根政權與海上交通線防衛

在所謂的第二次冷戰背景下，美國對日本的增強防衛力要求益發嚴厲。當時也適逢日美經濟摩擦日益嚴重，雙方的關係在進入一九八〇年代後困難重重。值此之際，雷根政權取代卡特政權，美國對日本防衛力增強的要求，在內容上也跟著轉變。這轉變即是試圖以歐洲的標準對待日本，同時尋求日美雙方在防衛上的角色分配。

卡特時代的增強防衛力要求，是向日方出示具體金額並以此要求增加國防經費。但這方法並沒有產生明確的效果。因此，比起重視數字的增強防衛力要求——如GNP的多少百分比等等，雷根政府選擇不再公然批判日本，改實施以雙方的角色與任務為基礎，就防衛合作上進行協商的政策。一九八一年度美國的國防報告書中，布朗國防部長就已呼籲日美歐三方要致力於圍堵蘇聯的共同作戰，並創建快速反應部隊以備波斯灣地區的衝突。雷根政權以海上交通線防衛問題為中心，徹底推行該政策的同時，也透過平等對待歐日的方式，誘使日本自願與美國合作。

就海上交通線與分擔區域防衛責任問題，先前制訂的《日美防衛合作指針》就顯得意義重大。如前所述，《指針》超越防衛大綱所規定的範圍，論及保護海上交通議題，但實際上並不止如此。《指針》中描述保護海上交通的英文部分如下：

"(b) Maritime Operations:

The Maritime Self-Defense Force (MSDF) and U.S. Navy will jointly conduct maritime operations for the defense of surrounding waters and the protection of sea lines of communication."

（底線為作者所加）

底線部分的「sea line of communication」是軍事用語，意思是艦隊或前線基地的補給站。sea line of communication 簡稱為ＳＬＯＣ，《指針》所述承擔保護ＳＬＯＣ的任務，意味著對美國海軍所進行的軍事物資補給行動予以保護或支援。《指針》制定時的海上幕僚長（即海自的參謀長）大賀良平在說明所謂保護海上交通線即是保護SLOC後表示：「若要通過廣大的太平洋與同盟國美國連結的話，美軍有前進部署的必要；確保日本的生存與軍事戰略上的海上交通線，在日本國防上具有生死存亡的意義（底線為作者所加）。」另外他也說明，「一千海浬防衛」的範圍，僅為自衛艦兩天的航行距離（這個「一千海浬防衛」將來會成為爭議）」；而「維持海上優勢」以及「確保海上交通線的安全」是兩個取代過去制海權的概念，成為現代海軍的目標。一般人經常把海上交通線想成海上物資輸送路徑的「航線」（參考圖十二），把海上交通線防衛等同於航線防衛，但至少海上自衛隊的幹部並不如此認為（參考圖十三）。而這點也就成為往後的爭議。

鈴木內閣與日美關係惡化

大平正芳內閣的後繼者，是由同為宏池會成員的鈴木善幸出任，這反映出自民黨內複雜的勢力關係。鈴木內閣高舉財政重建與行政改革的大旗，對防衛力整備則態度消極。在國防問題上，鈴木沿襲了大平政權的基本方針，例如於一九八〇年十二月成立綜合安全保障會議，展現出繼承「綜合安全保障政策」的態度。但這也意味著，鈴木本

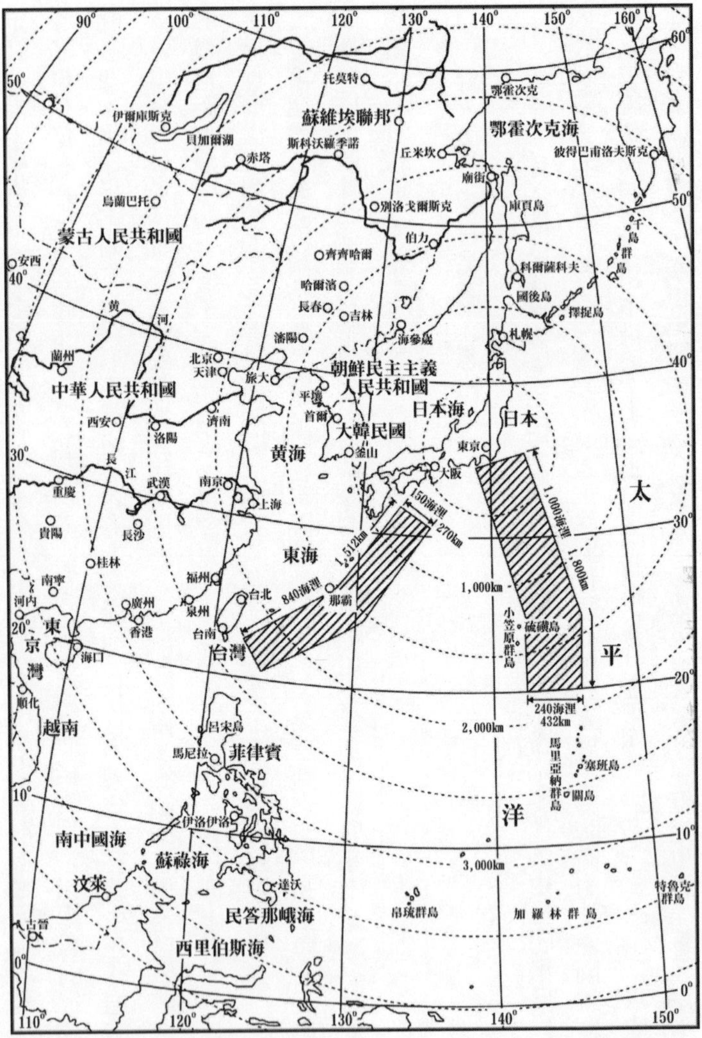

圖 12　航道　　　　（出處）海原治《我的國防白皮書》

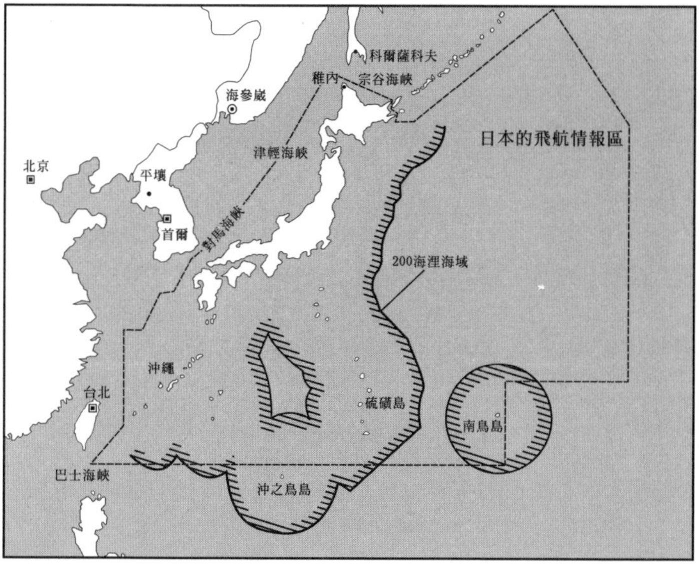

圖 13　海上交通線防衛略圖　　（出處）大賀良平《海上交通線的秘密》

身對國防問題沒有明確的方針。鈴木本身長期處理黨務，在外交上的經驗也幾乎與農業問題相關（特別是水產方面），在國防問題上經驗不多。相較於大平試圖建立自有的國家安全理論如「綜合安全保障論」，從往後鈴木處理防衛問題的過程來看，他採取的可說是一種對症下藥法。

雷根政權以海上交通線問題做為處理主軸，並要求日本分擔區域防衛責任，其與鈴木政權之間在思維上的歧異，於一九八一年五月舉行的日美首腦會議上顯露無遺。鈴木首相於當時的會談中對雷根總統說明，日本與美國對國際情勢的認知是一致的，也理解增強防衛力的必要性，但礙於財政與國內政治的制約，日本無法增加太多國防經費。對此，美方表示若日本能負起日本海周邊海域的防衛責任，美國海軍的負擔就可減輕並且能向印度洋部署，故要求日本分擔區域防衛責任。

鈴木並沒有立刻同意美方的要求，而是主張日本自然會在國防上有所努力，但希望美國能考量日本國內政治的問題。鈴木並沒有對美國的要求給予明確的承諾。不過，問題還在後頭。在第一次明文規定日美之間為「同盟」的共同宣言中，第八項寫著「雙方皆認同在確保日本的防衛，以及與遠東的和平及安定之際，日美兩國之間適當的任務分擔為可期之事。日本首相表示，日本將自主、並且遵從憲法以及基本防衛政策，改善日本領土以及周邊海、空域的防衛力，並且為減輕更多駐日美軍的財政負擔，致力付出更多努力。」而關於此點，日本政府的說明卻相當混亂。

在首腦會議後的記者會上，鈴木如此主張：「日本要推動的政策是，至少日本自家後院的周邊海域，自然是由我們自己守護；至於日本周邊數百海浬海域以及約一千海浬的海上交通線，將以憲法為基礎，在自衛的範圍內強化防衛力。」美國以此做為在海上交通線防衛中，日美任務分擔的內容，並予以接受。美國所謂的海上交通線防衛，是前述的SLOC防衛。但鈴木的理解，卻僅只是對日本的物資輸送路線，即所謂的「航道」。鈴木雖然會致力於守護本國航道，但若超出這個範圍，他的態度就顯得特別消極。不過，美國卻因此將鈴木在記者會上的發言，解釋為日本同意雙方共同分擔海上交通線防衛。

鈴木回國後，卻否認將分擔軍事上的任務；日美共同聲明於首腦會談前就已發佈，他因而指責外務省沒有如實反應自己的意見，最終造成外相伊東正義辭職風波。日美關係於此時期也處於經濟摩擦加劇的狀況，這波政治混亂的結果，造成雙方關係惡化。最終，鈴木政權招致了美國對日本的不信任感。

實務合作的進展

美國對鈴木政權的不滿與不信任感高漲的同時，另一方面以制服組為中心的實務合作——在海、空自衛隊，特別是海上自衛隊——之中獲得相當程度的進展。海上自衛隊參加了一九八〇年春天的環太平洋聯合演習（RIMPAC 80），讓外界看到日美在海上防衛中更進一步的合作。另外美國國防部表示，將由雙方軍職人員來推進以蘇聯入侵日本為想定的日美聯合作戰計畫。而航空自衛隊與美國夏威夷空軍也於青森縣的三澤基地展開共同訓練。海上自衛隊計畫中的新型護衛艦，是一艘搭載直昇機的飛彈護衛艦（即白根級），此乃考慮到美國要求的反潛、防空能力的結果，代表著日美之間在意見上的相互理解。而空自也發表了將在執行領空警察行動的迎擊戰鬥機上裝備空對空飛彈；海自方面也由矢田次夫海上幕僚長表明，將在艦艇或反潛機上搭載實彈魚雷。這些動作宛如在呼應美國，如同以臨戰態勢來展開部隊。

另外，日美雙方在軍事技術的情報交換與武器共通性的擴大，從這個時期開始有所進展。防衛廳甚至決定朝著艦隊重建暨現代化（Fleet Rehabilitation and Modernization, FRAM）的方向前進。FRAM 是在現有艦艇上安裝飛彈，以強化護衛艦隊的防空、反艦能力。順帶一說，相繼有人提出政府應好好傾聽制服組，以保持雙方順暢溝通的意見；有報導指出在一九八一年二月六日的內閣會議上，鈴木首相也展現出與制服組進行對話的意圖。這些都明確顯示出制服組的地位已較過往有所提升。也就是說，政府首腦雖然在日美合作的進程上猶豫不決，但以軍職人員為中心的實務人員之間，雙方已就可能的部分進行了具體的合作。

深入地說，由前面提到的日美共同宣言問題就能清楚明瞭，外務省的方針認為應該推進日美合作；因此問題就在於政府擁有多少推進合作的決心。就在這躊躇之中，於一九八一年六月在夏威夷舉辦的日美安保高階事務層級會議上，美國對日本提出下述的增強防衛力請求：「美國期待日本提供(a)有效並具有存活性[5]（受到攻擊時，亦能維持組織機能的能力）的傳統戰鬥能力以防衛日本領土，以及(b)『有效並足以守衛』的海上與航空兵力，以對抗日本周邊海域以及西北太平洋一千海浬以內海上交通線範圍內，包含Tu－22逆火式轟炸機與核動力潛艦在內的蘇聯紅軍威脅。」

這次協議中，美國雖對日本提出範圍更廣的要求，如軍事技術交流、支援駐韓美軍以及對駐日美軍的財政支援（即Host Nation Support）等，[6]但鈴木內閣對日美防衛合作的消極態度卻依然故我。實務上，雙方已就可能的範圍進行合作，但更進一步的日美合作，便已來到需要「政治」判斷的階段。若沒有對日美合作進程的政治判斷，處於經濟摩擦加深的日美關係，將無可避免地走到更加惡化的地步。於此膠著之際登場的，乃是中曾根康弘內閣。中曾根就任首相後，立即馬不停蹄地改善對美關係。

5 譯註：日文為「抗堪性」，英文可為Resilience或Survivability。
6 譯註：「駐日美軍駐留經費負擔」。

中曾根內閣與防衛分擔問題

鈴木內閣總辭後，中曾根於一九八二年十一月二十七日就任首相。隔年一九八三年一月十四日，也就是訪美的前一日，中曾根就美國在一九八一年六月的SSC上所提案的軍事技術交流問題，決定提供武器相關的技術給美方。事實上，八一年六月的SSC結束後，政府幾乎完全沒有商議如何回應美國所提出之要求，中曾根故而於訪美之際，回應其中一項重要卻懸宕已久的案子。中曾根雖於釋出回應後訪美，並與雷根總統在首腦會談上確認兩國同盟關係，但他真正想向美方強烈呼籲的，仍是刊載於《華盛頓郵報》、關於兩國元首會面的報導內容。

這份報導中有中曾根稱日本為不沉航空母艦的發言（後來證實中曾根並沒有使用「不沉航艦」這個詞彙），甚至提及過去鈴木——懷柏格會談時由懷柏格提出，關於守衛關島以西海域的問題。這些發言雖在日本國內釀成爭議，但另一方面也代表日本將明確地開始與美國合作，美方大為歡迎。對此中曾根回憶：「若以普通的手段，要消除華府嚴重的不信任感和沉重的氛圍，則需花上足足兩年吧。但以我的那些發言便一掃積鬱，使雙方關係撥雲見日，如晴空萬里般。」確實，中曾根的發言無疑地替日美關係改善帶來重大效果。

說到這裡，得提一下中曾根是以顧及日本民族主義為基礎的自主國防論者。時常有人質疑中曾根是否於擔任首相後，在日美合作進程上，從自主國防論轉向日美同盟論。實際上究竟是如何呢？如同我對中曾根擔任防衛廳長官時代的思維所做的說明一樣，中曾根的自主國防論有幾項重要特徵。那就是考慮到民族主義問題，以及他冀求的國家觀是以歐洲國家為原型、具有自律心的國家形象。在民族主義這點上，中曾根主張以自衛隊接管駐日美軍基地，來解決做為民族主義高漲象徵的基地問題。該主張雖未能實現，但其實在一九七三年，日美雙方曾同意進行縮小基地規模的「關東計畫」；[7]由於該計畫的進展，所謂的基地問題在日本本土內幾乎處於獲得解決的階段。對中曾根來說，這意味著脫離民族主義的桎梏，在行動上獲得相當的自由。他也不用繼續高舉「自主」此一政治口號。

此時美國對日本的要求，是與歐洲一樣參加對蘇聯的共同作戰。其實中曾根自擔

7 譯註：全名為「關東平原空軍設施整理統合計畫」，美軍將府中空軍設施、立川機場、朝霞營區等多數設施返還於日本。

任防衛廳長官時期開始，也就主張並要求美國以對待歐洲國家的標準對待日本。而中曾根更進一步想推動的，是日美之間地位平等的共同作戰。中曾根對前述「不沉航艦」發言的意義，有如下的論述：

「當時我的發言，其意義就在於『在日本的國防概念中，有守衛海峽或海上交通線等問題。但我認為日本國防的基本角色在於掩護整個日本列島上空，不讓蘇聯的逆火式轟炸機入侵。Tu-22逆火式性能優越，若它在有事之際於日本列島或太平洋上發揮威力的話，則我們不得不設想日美的防衛合作體制將遭受相當程度的打擊。因此一旦有事之際，日本列島要成為宛如於四周築起高牆，不讓帶有敵意的外國飛機入侵的巨大船隻。』」

這想法的意義別無其他，旨在將日本列島當作一面盾牌，對以逆火式為中心的蘇聯空中戰力進行封鎖。這是用於回應雷根政府、具備自主性並和歐洲各國同樣的對美軍事合作與共同行動，與一九六〇年代主張依附日美安保的「日美安保中心論」處於完全不同的立場。對確立日美之間的平等性相當重視的中曾根來說，美國的態度可說是與自己完全相符。在一九八三年三月的日美防衛合作小組委員會上，雙方同意針對海上交通線防衛進行共同研究；海上自衛隊（一九八三年）與航空自衛隊（一九八四年）也分別與美軍進行了聯合指揮所訓練。雙方也共同推動於青森縣三澤基地配置美軍F－16一事。一九八三年，基於提供美國武器相關技術的決策，日美也同意共同開發次世代支援戰鬥機FSX（即後來的F－2戰機）。如此，中曾根內閣成立之後，在舊大綱中開花結果、以本土防衛為中心的自主國防論，以及於舊《指針》中臻於成熟的日美合作中心論，兩者之間的矛盾因日美同盟路線明確化而獲得解決。

防衛大綱的變質實況

中曾根內閣將《指針》的日美合作置於中心所造成的結果，導致防衛大綱內容的大幅變質。例如，在日美防衛合作強化方面上，美國對於定案於一九八五年的「中期防衛力整備計畫」，以及突破國民生產毛額一個百分比的國防經費做為前述計畫的保證（一九八六年），都給予了高度評價。「中期防衛力整備計畫」是經歷五三中業（中期業務預測）、五六中業這兩個計畫後，關於一九八六到一九九〇年之間的國防計畫，當初稱為五九中業。該計畫在獲得國防會議與閣議決定後升格為政府計畫。在前面的章節曾提過，防衛大綱制定後，為了掌握主導權，防衛廳將國防計畫做為內部資料，稱為「中業」。不過，「中期防衛力整備計畫」卻是政府計畫，實質上又回到四次防之前的計畫方式。這是為了回應卡特時代，美方要求提早實施中業，以及將國防計畫升格為政府計畫的訴求。不過，升格為政府計畫後，計畫本身反而容易遭受其他省廳的影響。之所以會如此，也許是政府很快就忘卻當初採取「中業」方式的緣由；又或者「計畫的方式」一直為人所輕忽。

大綱的變質不僅是計畫方式而已。中期防衛力整備計畫的整備方針本是以大綱為基礎：「計畫的目標是在《防衛計畫大綱》的基本框架下，達成該大綱所定之防衛力水準」。但此後卻改為「顧及到國際軍事情勢以及各國的技術水準動向，為了建構足以應對此變化、具有效率的防衛力，陸上、海上以及航空自衛隊要各自就各種防衛功能，進行重新徹底調查，並盡力將資源配置於重點事項。此外，也要特別考量各自衛隊間富於彈性的合作體制與統合運用的發揮。[8]」據此，對主要著眼在日美防衛合作的海上自衛隊來說，該計畫的「2.周邊海域的防衛能力以及確保海上交通安全的能力」內容，就變成了「(1)為了充實並對艦艇的防衛力進行現代化，需建造護衛艦、潛艦、掃雷艦、飛彈快艇以及補給艦。建造護衛艦之際，除了加強反潛能力外，同時也要裝備飛彈以提升反艦與防空能力。此時，要另外進行對海洋防空的應有體制之研究，並以其結果為基礎加以評估後，針對護衛艦的防空飛彈系統之提升，採取必要措施。(2)為了充實並對航空器所提供的防衛力進行現代化，將整備定翼反潛巡邏機（P－3C）、反潛直升機（包含新型艦載式反潛直升機）、掃雷直升機（MH－53E）。」

前面提過，防衛大綱是以應付「有限度且小規模的侵略」的「基本防衛力」做為前提，完全是以本土防衛為根本而非日美合作。因此大綱所定的是以沿岸或周邊海域為防衛重點，遠洋護衛也僅是以定翼機等航空兵力所能涵蓋的範圍為考量。但是，中期防衛力整備計畫中，保護海上交通卻成為了重要目標，並將重點置於提升防空能力。這些最終都和引進神盾艦有關。而且，在中期防衛力整備計畫由國防會議以及內閣定案的一九八五年九月十八日當天，日本F－15的採購量由一百一十五架改為一百八十七架；P－3C甚至從七十五架增加到一百架。以此，在反潛、防空上對蘇聯的封鎖體制之整備，於焉成立。

換句話說，中期防衛力整備計畫雖闡述其是以防衛大綱為基礎，但實質上卻決定以強化日美合作為方針，建構足以封鎖蘇聯的防衛能力。實際上，該計畫跨足了以保護海上交通線為中心的日美防衛合作，因而明顯地與以本土防衛為中心構想的防衛大綱有

8 譯註：即聯合作戰。

了分歧。

防衛大綱是以前述「和平時期的防衛力」為前提，並於美蘇低盪時期成立，它和幾乎同時間定案的「防衛經費佔國民生產毛額一個百分比」政策，雙雙承擔負責控制防衛經費增加的任務。從而在國會之中，對於政府提高防衛力一事，在野黨紛紛批判其違反了防衛大綱。因此在冷戰持續的時期，政府始終不肯修正可能於國會引起激烈爭論的防衛大綱，故大綱的變質只在實務中進行而已。

隨著預算的增加使得自衛隊裝備得以充實，特別是海上自衛隊與美國的聯繫將會更加緊密。日美也經常聯合進行實戰性的訓練。蘇聯當然也會監視這些訓練的情況；反之，日美海軍也意識到此事而頻繁進行訓練。這是為了讓蘇聯海軍看到日美海軍精實的訓練程度之故。如此，透過提升制海與制空能力，日本與美國合作「打」了一場冷戰。

冷戰結束與自衛隊

如同本章所述的，日美合作在一九八〇年代一舉有所進展。這是由防衛廳與自衛隊的實務人員，與以外務省、政府為中心的中曾根康弘等，各方在日美合作方針上態度一致，共同推進之故。其結果是由日美獲得冷戰的最後勝利。那麼，日美合作對於自衛隊本身、以及自衛隊與政治的關係，帶來什麼樣的影響呢？

首先可以確定的是，海上自衛隊在日美防衛合作上扮演了重要角色。原本以美國海軍共同行動為前提而誕生、至今依然在發展的海上自衛隊，可說是毫無保留地發揮其實力，回應了美國海軍的期待。日美「海軍」的合作相當緊密，甚至有外交相關人士將日美安保體制評論為雙方實質上「Navy to Navy」的關係。這也意味著海上自衛隊的活動在日美防衛合作上特別突出。事實上，關於海上交通線防衛的內容，防衛廳內局也多將其認知為「航道」的防衛。內局官僚的核心人員以防衛大綱為思考基礎，不曾想過進行超出大綱範圍的日美合作。而他們也判斷，從以海上自衛隊為中心的日本防衛力量來看，其實力並無法負擔超出大綱範圍的海上交通線防衛任務。但海上自衛隊的實力似乎超出內局的判斷，在實務上與美軍進行著合作。

而以上的事實造就了下述問題。在第二次冷戰中，推動海上交通線防衛是海上自衛隊的基本構想，也是日美防衛合作的實質內容，因此海上自衛隊自然成為日美合作的中心。但是，先不論有必要與美軍進行合作的航空自衛隊，以本土防衛為基本目標的陸上自衛隊，其應執行的任務就顯得稀少。先前有提過，陸上自衛隊與海上自衛隊在防衛上的基本構想大相徑庭，但一九八〇年代日美合作的迅速進展，意味著在以蘇聯為主要敵人的第二次冷戰中，海上自衛隊的防衛構想位居整個自衛隊的基本戰略之首。

若是如此，當冷戰終結，蘇聯不再是敵人之時，就有必要再次研究日本應該擁有什麼樣形式的防衛戰略，日本是否要遵循內局所堅持的防衛大綱並以本土防衛為中心呢？負責海上交通線防衛的海上自衛隊，其任務又該如何調整？面對這些問題，有必要進行以冷戰後國際情勢為基礎的討論。那麼，對此日本究竟做了什麼樣的討論呢？而自衛隊在冷戰結束後的國際情勢中，於日本的國家安全政策上被賦予了怎樣的定位呢？在此，問題又回到「政治」的角色之上。

另一個重大問題，是行政官僚對於那些在五五年體制下忙於進行「利益誘導政治」、對外交政策幾乎缺少關心的大多數政治人物普遍抱有不信任感。例如，就波灣戰爭這個冷戰結束後立即的重大問題，前外務次官栗山尚一——此人對派遣自衛隊一事態度消極，在被問及與動用自衛隊有關的文人領軍問題時如此回答：「具體來說，還是要等總理大臣決定是否要做，你說是吧？」在五五年體制下，當官僚機構間意見相左之際，會以官僚機構為核心進行綜合協調；而在國家基本戰略方面，政治家應該積極地參與決策。但事實上在五五年體制之中，除了少部分以外，多數只將精力放在國內政治的政治家並無此能力；因而我們無法輕易地看出日本國家安全政策的穩定趨勢，特別是做為國家安全基礎的基本外交戰略。就在這樣的背景下，日本進入了冷戰結束之後的國際政治環境。

第四章

冷戰告終

——應對激烈變動的國內外情勢

一、冷戰後的新課題

自衛隊的海外派遣

日美安保體制的存在意義在於蘇聯這個假想敵，但因冷戰結束之故，遂得重新討論安保體制的意義。而且受到歐洲為主的裁軍趨勢影響，日本也以縮減防衛力為目標進行相關討論。實際上，在冷戰結束一年後逐漸升溫的波灣危機與波灣戰爭之中，日本國內這次卻又針對是否該派遣自衛隊從事國際援助活動一事，陷入極大的混亂之中。於是，以「縮小規模」與「擴大任務範圍並參與國際援助活動」為前提重新研究自衛隊的任務，便成了冷戰結束後重要之課題。由於冷戰後最先面臨的是國際援助活動問題，因此將從這部分開始探討。

如同前面章節所敘述，日本在制定憲法時就已討論到憲法與聯合國的關係。當時也有人主張日本做為一個獨立國家，不應該只依賴聯合國的集體安全功能，應積極地履行聯合國憲章載明的義務。不過，這類的討論最終被淹沒在「非軍事和平主義」這個主流思想之下。

從根本上來說，冷戰並非只是美蘇各自高舉自由主義與社會主義大旗的對立，而是雙方保有核武此一終極武器互相對峙。冷戰時期，世界籠罩在美蘇核戰下人類滅亡的恐懼之中，雙方也極力避免使用傳統武器進行可能導致核子大戰的戰爭，故也可說是「長期和平」的時期。這就是為什麼在美蘇對立這個泰山之石消失後，世界各地立即爆發了民族對立與部落紛爭之故。冷戰結束帶來的絕非「和平」。另一方面，也有人對聯合國的功能有所期待；乃因聯合國過去因冷戰之故而導致功能不彰，如今則有可能實踐當初成立的宗旨。

話說日本因一九六〇年代的高度經濟成長而成為經濟大國，增加了它在國際社會中的重要性。做為一個對世界政治經濟擁有影響力，並且以受惠於國際社會穩定經濟活動的國家，日本必須能夠做出與其經濟能力相符的國際貢獻。其代表為日本推出的「開發支援政策」，其中又以一九七〇年代急速增加的「政府開發援助」（ＯＤＡ）為中心。另一個具代表性的，則是日本也以聯合國維持和平行動（ＰＫＯ）為主，研究參與國際社會的和平與安全。

實際上，外務省於日本加入聯合國後不久，便存在著「難道不能支援聯合國行動嗎？」的想法；進入一九七〇年代後，外務省相當積極地對此進行研究。不過研究只停留在外務省內部，因而未擴及政府本身。另外，雖說是支援聯合國的維持和平行動，但就應否派出自衛隊的問題，政府也不一定會有共識。毋寧說，當初在協商《日美防衛合作指針》之際，壓下美方的要求——不只關於安保條約第五條的日本本土防衛事態，也要將第六條的遠東條款事態納入研究，並把《指針》縮限在本土防衛的，便是外務省自己。這是考量到日本當時政治狀況所下的判斷；若考慮到這層背景，就不得不對派遣自衛隊一事謹慎以對。事實是，當時日本一邊維持冷戰下的日美合作進程，同時又摸索著單純經濟援助之外應有的國際貢獻形式。

進入一九八〇年代，發生了必須研究在日美安保框架外派遣自衛隊的事件，也就是因兩伊戰爭引起的波斯灣掃雷問題。兩伊戰爭遙遙無期，波斯灣上佈滿水雷，對載滿石油的油輪航行安全造成莫大問題。接著一九七八年，以同盟關係對待日本並有著良好關係的雷根政府，對中曾根政權提出協助掃除波斯灣水雷的請求。若接受這份要求的話，自衛隊將以訓練以外的目的派遣至海外。

中曾根首相與外務省雖然對派遣自衛隊一事躍躍欲試，但如同各位所知的，由於針對派遣的法律框架，以及自衛隊被派遣至尚未停戰的地區因而捲入戰爭的危險等因素，後藤田正晴官房長官對此強烈反對，此事最終被迫作罷。順帶一說，後藤田長官是曾經積極參與警察預備隊創立的人物，但對於自衛隊的海外派遣問題、後述的ＰＫＯ問題，他的觀點極端慎重。他與一九六〇年代為止，在防衛廳內擁有重大影響力，與舊內務省同期的海原治，對制服組所採取的壓抑態度是這個世代的共同特徵。他們似乎對「軍事」組織抱有徹底的不信任感。

一九八七年十一月成立的竹下登內閣推出了「日本外交三本柱」政策。其內容為高舉「貢獻世界的日本」大旗，將「協助世界和平、經濟支援、國際交流」定義為外交三本柱並試圖積極推廣。其中「協助世界和平」是外務省向竹下首相建言的政策；外務省認為，日本應該以聯合國的維持和平行動為念，密切注意戈巴契夫的出現為冷戰所帶來的變化，以及柬埔寨和平問題的發展等等，積極地參與區域性的和平建構。只不過，這些討論仍停留在外務省內部；當時政府距討論聯合國維持和平行動與自衛隊之間關係的階段還有一段距離。另一方面，防衛廳並未對參與聯合國行動進行具體的研究，由此可明顯看出其與外務省之間在態度上的差異。

就在自衛隊有可能擴大其活動範圍之時，卻遇上了冷戰結束。於是狀況就變成得重新研究日美安保或自衛隊的角色等課題，但環境沒有給予日本再三推敲這些課題的時間。與其說沒時間，不如說波灣戰爭的爆發促使當時的討論大為混亂。在中東這個極端重要地區發生的問題，日本具體上能夠提供什麼樣的協助呢？這宛如是對日本的危機處理能力提出質疑。不過，最後透過增稅所提供的資金援助並沒有在國際社會中獲得高度評價，日本本身也因此飽嚐深切的挫折感。

事實上，一九九〇年八月二日，當伊拉克佔領科威特時，日本政府最初的應對可說是相當迅速。當時的海部俊樹內閣接受了美國老布希總統提出對伊拉克實施的制裁案，於八月五日就通過並發表了禁止進口伊拉克石油以及凍結經濟援助等內容的制裁，甚至比聯合國安全理事會還要早。不過，在美國呼籲組成多國聯軍，英國決定派兵，北約也採取相同步調的情況下，隨著軍事處置的聲浪浮上檯面後，日本的反應就陷入混亂。

有愈來愈多的國家加入部署於波灣地區的多國聯軍，對於僅一次一點地湊集援助資金而不提供人力的日本來說，以美國為主的壓力與日俱增，政府與執政黨被迫儘速實施以派遣自衛隊為主的人力援助。如前述，外務省雖然早有討論過參與聯合國維持和平行動——也包含派遣自衛隊在內，但那仍只是研究階段而已，並沒有納入防衛廳或內閣法制局等相關部門的討論。

更何況此非停戰協議成立以後的ＰＫＯ，而是在預想會有戰鬥發生狀況下的ＰＫＯ派遣。就算自衛隊以不參與戰鬥為前提，但就海外派遣是否合乎憲法一事，各方有著不同看法。因此，外務省與防衛廳對於派遣的自衛隊員，展開了「身分」方面的爭論。

外務省從政治上考量海部首相「鴿派」的心態以及憲法的限制，打算將派遣隊員從自衛隊中切割出來，以「轉任」或「休假」的身分參加ＰＫＯ；防衛廳則與之對立，主張以「兼任」的方式保留自衛隊的身分。防衛廳認為，若不具有自衛隊身分，是無法操縱自衛隊所屬船舶或航空器、對部隊行動下達指揮命令以及操作槍械。防衛廳持有的主張背後，是對冷戰後的協助和平工作被其他組織搶走的擔憂；但，也有對即將登上主要舞台的期待；進一步說，若輕易地改變身分派往危險區域，恐將產生以保險為首要、關係到隊員利益的問題等各種考量。另外，被施以細瑣法律限制的自衛隊員，在海外採取行動時，也必須一一逐條確認是否合法。這將會是一份相當繁瑣的作業。

當海部首相發表以「業務委託」的方式派遣自衛隊後，在後續決策過程中發生了混亂；由於受到自民黨的批判，政策最後改以防衛廳主張的「兼任」方式定案。此外，急遽推出的《聯合國和平協力法案》在國會審議時，也因政府各單位答詢不一致而造成混亂，最終無法通過表決。日本始終沒有在波灣戰爭中派遣自衛隊。

然而，波灣戰爭不僅引發當時日本政治的大混亂。波灣戰爭的歷史意義在於，對日本往後的政治——特別是國家安全政策——有著重大影響，即所謂的「波灣戰爭創傷」。該創傷起因於在政治的層面上，日本遭受輿論「too little too late」的批判；同時與其所提供的大筆資金相較，所獲得的國際評價卻相當低，因而讓日本認為往後對美國的要求都須盡早答覆。這替未來九一一事件後日本支援美國的一連串行動留下了伏筆。

另外，更重大的意義在於國民意識上的變化。我們可以下述變化為例：從國民的層面上來看，他們開始對日本國內針對「軍事」的討論感到疑惑。要組成「聯合國軍」是極度困難的。因此，當美國主導、於波灣戰爭時組成多國聯軍部隊，反而是發揮聯合國安全功能的一種選項。不過日本國內輿論卻只對動用軍事力這點有所反應，而那些對多國聯軍主導者美國的批判也頗光怪陸離。因為這些「不論有任何理由，動用軍事就是不行」、「軍隊是不好的」等戰後日本和平主義的言論，明顯地與國際常識差異甚大。其結果是，在日本的國民之間逐漸理解「日本的國際合作不應只在資金方面，也應該提供人力貢獻，且根據情況也要有派遣自衛隊的必要」；而過去「不應該有海外派遣的想法」的禁忌也將逐漸消融。只不過這份理解並不是在波灣戰爭後立刻形成，這些戰爭結束後於國際社會上的議論，得花上些時間才能滲透入日本。而實際上成功派遣自衛隊前往掃雷一事，也對此事有推波助瀾之效。

波灣戰爭時，據說伊拉克在科威特沿岸佈下了一千兩百枚水雷。這些水雷成為了阻礙波斯灣航行的重大威脅。美、英、義、德、荷、法、沙烏地阿拉伯、土耳其國和比利時等國家雖然一直在進行掃雷，然水雷數量過多，加上地處熱帶使得作業極端困難。況且日本原本就有七成的石油仰賴中東，在波斯灣的航行安全上有重大利益卻不參加掃雷作業，國際社會也對此加以批判。對於最終無法在波灣戰爭方酣之際提供人力支援的日本來說，派遣海上自衛隊掃雷部隊的條件因戰事結束而成熟。考量到國內批判的聲浪，派遣準備於極度保密中進行，並在一九九一年四月派出六艘掃雷艇前往波斯灣。另外，關於自衛隊海外派遣的法律依據完全付之闕如，故以自衛隊法第九十九條「去除水雷危險物」做為派遣的依據。

在反對自衛隊派遣團體的六十艘漁船環伺下，掃雷部隊從吳港出發，耗費一個月又一天，航行七千海浬後抵達波斯灣。日本的掃雷部隊，獲得一同進行水雷作戰的各國部隊，以及遭到水雷封鎖沿岸各國的高度評價。九月十一日作業結束，部隊於十月三十日返抵吳港。海部首相與池田行彥防衛廳長官等人也出席歡迎儀式，迎接部隊返國。自衛隊首次的海外派遣獲得了極大的成功。

比波斯灣掃雷更讓國民印象深刻的，是於柬埔寨的維和行動。日本記取了波灣戰爭的教訓，積極參與柬埔寨和平問題，並立下方針積極投入樹立新政權的選舉活動與當地重建工作。接著，也是以當初波灣戰爭時無法通過的《聯合國和平協力法案》為前車之鑑，自民、公明、民社三黨取得共識並在備齊政治條件後，於一九九二年六月通過《對聯合國和平維持行動等進行協力之有關法律》（國際和平協力法、ＰＫＯ法案）。

聯合國在柬埔寨的ＰＫＯ已於一九九二年三月展開，日本於ＰＫＯ協力法案通過後，以慌忙的步調在七月一日派遣調查團，經九月八日內閣會議決定，ＰＫＯ部隊於同月十七日動身。不過，當初為了能讓自民、公明與民社三黨取得共識，這次的派遣仍顧忌到政治問題，如規定禁止參與維和部隊以及立下「ＰＫＯ參與五原則」。因此日本的ＰＫＯ是在嚴格限制下進行的。關於這部分，容我留待後述。

無論如何，以陸上自衛隊為主的柬埔寨ＰＫＯ部隊，受到眾人異常的關注。例如，總數六百人的部隊，竟有三百名記者隨行採訪。當日籍聯合國民事警察與志工死亡事件發生時，輿論也開始討論撤出自衛隊，但當時的首相宮澤喜一決定繼續執行ＰＫＯ，此後自衛隊並無出現任何死傷。[1]柬埔寨選舉順利完成，聯合國的ＰＫＯ行動也成功地平安結束。柬埔寨重獲和平一事，不僅是做為戰後日本外交上的成功案例廣為後人流傳，自衛隊的ＰＫＯ在國際上也獲得高度評價；而且執行成效能傳回國內，替往後日本在參與ＰＫＯ上創造出很大的彈性。

不過，在ＰＫＯ參加五原則等限制中執行任務之時，自衛隊該如何保護同樣參與ＰＫＯ的民間人士？關於此點在柬埔寨當地曾有許多想法，例如以自衛隊員當作盾牌等等。[2]當派遣進行之際，現場的實際情況與日本國內的討論已有了落差。

自從成功派遣至波斯灣以及柬埔寨後，自衛隊在國際上博得高評價，派遣的次數亦跟著增加。自衛隊的國際合作行動，與阪神大地震以來重要性日增的災害派遣，一同被定位為冷戰後自衛隊重要的行動。然而事實上自衛隊的ＰＫＯ有其界限也是不爭的事實。除了以「自衛隊法」做為派遣基礎的波斯灣掃雷任務之外，當初為了取得自民、民社與公明三黨共識以通過《PKO法案》，特別加上禁止參與維和部隊與「參加五原則」的限制。因此即使是柬埔寨的PKO，也是一種受該法限制的海外派遣。所謂「PKO參加五原則」的內容如下：

（一）紛爭當事國同意停戰；

（二）獲得紛爭當事國的同意；

（三）保持中立；

（四）若上述三條件中有任一項無法成立之時，應暫時停止行動；短期內若無法恢復時，則停止派遣；

（五）僅限在保衛自己以及其他隊員的生命、身體之際，方能以必要且最小限度的程度使用武器。

---

1 譯註：即高田晴行以及中田厚仁。前者擔任聯合國民事警察（UN Civilian Police），後者則是聯合國志工，兩人皆於柬埔寨不幸身亡。

2 譯註：當時的法律不允許自衛隊在正當防衛之外的情況開火，因此自衛隊無法也無權去保護遭受武力攻擊的其他聯合國人員，除非自己本身也遭到攻擊。一旦真有攻擊民間人員之事發生，自衛隊只能先把自己當靶，吸引敵方朝自身射擊，再予以還擊。

實際上，當兩名日本人於柬埔寨身亡之後，日本國內認真地討論前面提到的撤出自衛隊一事。目前，自衛隊已准許參與維和部隊；武器的使用限制也做了修正，大幅放寬。然而和進行ＰＫＯ的其他國家比起來，日本的武器使用限制仍多；實際參與ＰＫＯ的自衛官們有許多人對此持有疑慮。而且，由於法律上自衛隊並非軍隊，在派遣之時也會碰到一些問題；如攜帶武器至海外時必須辦理出口手續，阻礙到與其他國家部隊之間的共同行動。最重要的，原本應能保護自己安全的軍事組織，卻陷入非得要在他國軍隊保護下方能行動的狀況，因而令人產生一種何必派遣軍事組織的疑問。

我在後面的章節會提到，進入二十一世紀後為了因應新型態威脅所制定的防衛計畫大綱（二〇〇四年十二月），也給予國際合作行動重要地位。雖然政府很重視海外派遣，但也有可能因行動有所限制或自我防衛能力不足，讓好不容易成行的海外派遣無法獲得預期中各國的好評。實際上，如同後面會提到的，自衛隊目前並不僅只於ＰＫＯ行動，也在反恐作戰相關的支援行動中部署於海外。若以現在的法律環境繼續實施海外派遣，勢將會有達到極限的一天。

重新審視日美安保體制

如前所述，為了反映冷戰結束這個世界政治結構上的變化，日本以縮小自衛隊規模和擴大國際援助任務為前提，重新審視了自衛隊的角色。因此細川護熙內閣成立了「防衛問題懇談會」（之後的「樋口懇談會」），由朝日啤酒的樋口廣太郎擔任主席，並以重新認識日本國家安全政策為目的。

說到細川內閣，該內閣是一九九三年七月成立的非自民黨主導的聯合內閣。冷戰結束也影響到日本國內政治，並牽動著一九八〇年代末開始發展的政治改革運動，進了政治變革的時代。到了一九九三年七月，對宮澤喜一內閣的不信任案通過，包含社會黨的細川聯合內閣因此成立。萬年在野黨、一直採取反對日美安保、主張自衛隊違憲的社會黨如今成為執政黨，並肩負政治責任，這意味著日本在國家安全的議論上，也有可能發生變化。

樋口懇談會的成員名單如下（姓名後方為當時的職銜，括號內為先前的主要職務）

主席　樋口廣太郎　朝日啤酒會長

代理主席　諸井虔　秩父水泥會長

委員

豬口邦子　上智大學教授

大河原良雄　經團連特別顧問（前駐美大使）

行天豐雄　東京銀行會長（前大藏省財物官）

佐久間一　NTT特別顧問（前統合幕僚會議議長）

西廣整輝　東京海上火災顧問（前防衛事務次官）

福川伸次　神戶製鋼副會長（前通商產業事務次官）

渡邊昭夫　青山學院大學教授（東京大學名譽教授）

對此懇談會擁有甚大影響力的，應是被任命為委員的西廣整輝。西廣是防衛廳內資深人員中首位就任防衛次官的人物，與海原治、久保卓也並列防衛廳內具代表性的官僚。西廣本身也高度涉入基本防衛力構想與舊防衛大綱，據說在退休後也擁有相當大的影響力。撰寫懇談會報告書草稿的，是與西廣很早就有交情的渡邊昭夫，我們也許可將懇談會的商議內容看成對當時防衛廳意見之反映。而該懇談會提出的理論，乃是「多元化安全保障」。

「多元化安全保障」包含了從大平正芳內閣提出的「綜合安全保障」所發展而來的內容。該理論認為，國際社會的和平與安定對日本來說實屬必要；而日本也要積極地參與以聯合國為中心，為守護國際社會和平與秩序的行動。

「多元化安全保障」理論的背後，含有那些冷戰時期防衛官僚們的想法。他們曾在日美安保體制之中，摸索著日本應有的自主防衛形式。也就是說，他們認為若日本在態度上過度依賴日美安保，則很難同時兼顧國民的認同以及防衛力之整備。多元化安全保障的內涵，可用「重視聯合國」這個想法來代表。我們也可從寶珠山昇這位與西廣一同制定防衛計畫大綱的前防衛設施廳長官的論述中看出端倪。

「說起『聯合國中心主義』，由於日本堅持日美安保，所以這種主義沒有被整合進國家發展政策內。若不重視日美安保，則可能連美國對日本防衛力整備的支持都將失去，因此提到聯合國中心主義時是有技巧的，你要將其與日美安保並重且加以說明。」（略）「我們並不是認為聯合國完全可以信賴。但若因聯合國不可信而堅持日美安保的話，說是大家的共識吧，我們判斷這種態度是無法獲得國民對於國防的支持，而從過去的歷史來看也是如此。」（《寶珠山昇口述歷史》）

此多元化安全保障的推出，代表著戰後日本國家安全政策，在日後所形成的兩大流派。借用渡邊昭夫的描述，即是「以《武力事態對處法》為代表，目標為整備『國土防衛』體制與態勢」的源流——此派於《有事法制》集大成；以及「歸趨於《反恐特別措施法》與《伊拉克人道支援特別措施法》，以替『國際安全保障』做出貢獻為目標的流派」。「國土防衛流派」是過去一直在進行的防衛力整備之基本方針；「國際安全保障貢獻流派」則是自戰後就曾被探討，始於冷戰結束後的聯合國維和行動。但不僅僅是聯合國的維和任務，如同自衛隊派赴美伊戰爭後持續混亂的伊拉克，該流派有可能開拓出超越以往自衛隊活動範圍之外的任務。

實際上，在反恐作戰中自衛隊有必要和以美國為首的他國部隊合作，其中恐會孕育著帶有違憲疑慮的合作內容。另外，如同後述，日美雙方在一九九六年推出《日美安保共同宣言》，將日美安保視為國際公共財進行重新認識與定義，這便是由「國際安全保障流派」所推動的。此後，日本周圍的國際環境緊張程度逐日增加，例如朝鮮半島的不穩定、中國逐漸成為經濟與軍事大國的趨勢等。在這種國際環境中，因而使得促進日本參與國際和平的政策，反而壓過日本自身的國防問題。

說到這份提出上述重要內容的「樋口懇談會」報告書，美國方面的國安相關人士卻對該報告書將「多元化安全保障」置於首務一事感到憂心。「樋口懇談會」報告書發表的一九九四年，恰好與朝核危機時期重疊，因此美國當時正期待日美在東亞區域安全上更進一步的合作。也就是說，歐洲方面雖因冷戰結束而趨向裁軍；但亞洲地區，朝鮮半島南北分裂、中國大陸共產黨政權與台灣之間的對峙，這些冷戰造成的國際結構並無變化。軍備也因經濟的成長而不斷增強。雖然最大威脅蘇聯業已不存在，但亞洲的區域安全絕非因此就穩定。

事實上，當日本處於五五年體制崩壞、內閣紛亂交替時期——包括細川內閣、羽田孜內閣以及首次由自民黨與社會黨組成的村山富市聯合內閣——北韓核武開發危機也達到最高潮；柯林頓政權當時正在研究對北韓的核能設施展開軍事攻擊。美國基於日美安保條約而向日本要求合作，但日方以法律體制不完備為由不得不加以婉拒。無論如何，在不穩定的東亞地區中，日美合作乃不可或缺之事。

九五年防衛大綱、日美安保共同宣言以及《新指針》

美國於一九九五年二月，由助理國防部長約瑟夫．奈伊（Joseph Nye）發表了《東亞戰略報告》，明確指出將在東亞地區維持十萬美軍，同時也會與日本一同推進有關重新定義日美安保的談判。雙方交涉的結果即是一九九五年十一月的《防衛計畫大綱》以及一九九六年四月的《日美安保共同宣言》。一九九五年大綱最大的特徵是，把「重視日美安保」與「以『效率化』縮小自衛隊規模」、「擴大國際援助任務」這兩項目標並列。誠如與一九七六年的大綱相較，一九九五大綱中重複使用「日美安保體制的可靠性」此一詞語。

接下來在一九九六年四月發表的《日美安保共同宣言》中揭櫫：「在以日美安保條約為基礎的兩國國家安全關係上，除了要達成共同的國家安全目標外，雙方也再次確認日美安保仍是在邁向二十一世紀途中，維持亞太地區安定與繁榮的基礎。」並將日美安保定義為守護國際秩序的國際公共財。如此，維持國際秩序與安定遂從此成為日美安保體制的目的，宛如明確地將守護國際秩序這個全球公共場域（Global Commons）的使命，交由日美安保體制承擔。日美安保條約第六條的意義，[3]可說是因而更加明確。當時媒體稱之為「重新定義日美安保」，但政府卻以「重新確認日美安保」進行說明。

九五大綱與九六年的共同宣言推出時期，不僅是朝鮮半島，連台灣海峽也於一九九六年三月發生危機，加深了東亞情勢的紛擾。在這些國際情勢背景下，日美進入了具體重新研究日美防衛合作應有內容的階段。其成果是一九九七年九月二十三日，由日美安全保障協議委員會通過的《新指針》。舊《指針》反映出當時日本的政治狀況，其中心目標為日美安保第五條的本土防衛；相較與此，《新指針》的特徵是以安保條約第六條中的事態做為主要處理對象，即是「周邊事態」。

針對《新指針》的具體化作業，內閣會議於同年九月二十六日通過《有關確保日美防衛合作指針的時效性》，以《日美物品勞務相互提供協定》為起始，依循《新指針》的立法作業持續進行。到了一九九九年五月，《周邊事態安全確保法》通過並於同年八月實施。此間，北韓於一九九八年八月進行了跨越日本上空的飛彈試射，日本對北韓的威脅意識因而提高；此時適逢彈道飛彈防衛在美國國內成為議題，日美雙方也於一九九八年十二月決定共同進行技術研究。

不過，《新大綱》中雖然揭示各種日美合作事項，如「平時的合作」、「日本遭受武力攻擊之際的應對行動等」以及「日本周邊的情勢中，當發生對日本的和平與安全有重大影響（周邊事態）的狀況時之合作」，但由於日方受限於「無法行使集體自衛權」，只能以後方支援為主。目前美軍現階段擁有壓倒性的兵力優勢，日本則礙於憲法的限制只能從事後方支援；但關於後方支援的實際效用，仍留有許多未解課題，包括「後方」這概念在現實上是否能成立，以及不向美軍進行武器彈藥補給等問題。

那麼，當以日美合作為中心的國家安全政策，在進程上有大幅進展時，有關日本

3 譯註：即遠東條款。

本土防衛問題又是如何呢？前面提到，五五年體制於一九九三年時崩解，非自民黨的細川內閣成立；這顯示出該時期的日本正進入了政壇重組時期。這意味著，冷戰時代那種因朝野意識形態對立造成國家安全政策理論缺乏彈性的情況已經轉變，國會已可進行具體性的政策協商。實際上來說，前面提過的《周邊事態安全確保法》這種以安保條約第六條為對象的法律，在冷戰時代是很難通過的。這是因為在國家安全問題上，以國際常識為基礎、能認真進行討論的政治環境正逐漸形成之故。

但若說冷戰時代以來的課題——像是《有事法制》，得以有穩健的進展，則事實又非如此。聯合內閣的成員變換頻繁，在這樣的政黨聚散離合之中要處理日美防衛合作問題，以日本政治環境來說已是無暇應對。實際上，要等到應對周邊事態的法律體系完備後，補強國內有事之際的法律制度問題才逐漸浮現，而那原本應是優先處理之務。原本應優先處理的有事法制卻因其有可能在國內引發風波而延宕，只以「對症式療法」處理眼前連續蜂擁而至的其他問題；有事法制晚於周邊事態法成案，便是由此造成的。

二〇〇〇年三月，自民、自由以及公明三黨就建構有事法制達成共識。森喜朗首相於四月的政策演說上提及有事法制，並於隔年一月的施政方針演說中表明將開始研究有事立法。不過，《有事法制》這個冷戰以來的課題，得在小泉內閣成立、經過九一一事件的激盪後，於二〇〇三年六通過《有事（武力攻擊事態）關聯三法案》後才實際成立。自衛隊成立將近半世紀後，其執行本土防衛這個基本任務時的法律體系建構於此完成。從朝野對立而無法審查有事法制的冷戰時代來看，《有事關聯三法案》象徵時代大幅轉變；但與日美合作相比，其進展明顯落後。而且，這個時期的有事法制缺乏保護國民的相關規定，故依然存有不完備之處。

進一步說，一九九九年通過的《周邊事態安全確保法》第九條如此規定：「相關行政機關首長，可依循法令與基本計畫，要求地方公共團體首長提供必要的協助以行使其應有的權限。」這意味著過去是由政府專責管理的國家安全問題，一旦缺乏地區首長的協助，政府就無法採取具實際效用的行動——就算事涉對美合作亦然。當時，日本正在全面推動橋本龍太郎內閣以來的結構改革，同時進行著中央官廳的統整廢除與地方制度改革的討論。而且，為了使《周邊事態安全確保法》第九條具備實效性，以地方自治體於國家安全政策中所扮演之角色為前提的「中央—地方關係」之探討，應有必要納入當時地方制度改革的討論中。如同日美合作進展與象徵憲法問題的集體自衛權一直有著密切關係，「中央—地方關係」這個日本國家制度的結構，與日美合作之間也有著關聯。這就是說，日美合作其實也孕育著日本這個國家的政治結構問題。關於這點，是由地方引發了重大問題，即沖繩反美軍基地運動的高漲。

爆發的沖繩之怒

在美軍管治下長達二十七年的沖繩於一九七二年五月一日返還日本。對於不只體驗過戰爭的悲慘之處，還長期置於美軍政權下的沖繩，日本政府制定《沖繩振興開發特別措施法》，以為期約十年的計劃進行振興方案，冀求消除與日本本島的經濟差距。於八〇年代擔任三屆沖繩縣知事的西銘順治也曾積極活用振興預算，推動道路與基礎設施的建設，多少改善了沖繩的經濟狀況。

但是，沖繩仍留有與返還當時幾無改變的問題，即駐日美軍基地問題。事實上，許多居民一直期待美軍基地因沖繩返還而縮小。不過，沖繩仍和美軍管治時期一樣並無太多改變，繼續承受著美軍基地這個負擔，因而在返還之初的縣民民調結果中，多數人對返還感到失望。

當初沖繩會置於美軍管治之下，是因其靠近中國、台灣與東南亞的戰略位置之故。在一九五〇年代，美軍基地在美軍稱為「刺刀與推土機」的強制作法下漸續擴大。[4] 美軍加強對沖繩的軍事利用，例如從五〇年代起日本本島的駐日美軍基地逐漸縮小，與此相較沖繩的基地不但沒縮小，海軍陸戰隊基地反而從本土移轉到沖繩。到了越戰之時，沖繩的重要性更顯突出。美軍雖然於返還沖繩之際採行「與本土同規格的除核政策」，將MGM-13鎚矛式（Mace）飛彈撤出沖繩，但仍繼續使用沖繩美軍基地。在僅佔日本本島面積百分之〇・六的島嶼上，卻有百分之七十五的駐日美軍專用設施悉數集中於此（一九九五年資料）。而且美軍基地所屬士兵屢次鑄成犯罪事件，也一直折磨著沖繩居民。這些事件並不僅只有交通事故，其中包含了竊盜、強盜與婦女暴行等嚴重犯罪。另外，如同宜野灣市的普天間基地那般，位處沖繩經濟中心的本島中部、南部散佈著各美軍基地，對交通或都市的基礎建設都形成了障礙。雖然也有因美軍基地存在而誕生的「基地經濟」，但自返還日本後其比率逐年減少，「若無美軍基地則沖繩的經濟將因此下滑」的立論也漸次失去了根據。例如在縣民總支出中，與軍隊相關的比率於返還時為百分之十五・六，到了一九九三年則變為百分之四・九（沖繩縣資料）。這種對美軍基地根深蒂固的反對意見，成為革新派的大田昌秀知事於一九九一年當選的助力之一。

原本沖繩就處在支撐日美安保的重要地位上。其重要性不只在於地理上的，也因

4　譯註：形容當初美軍強制徵用土地建設基地的作法。以刺刀趕走不願撤走的居民，並以推土機剷平留置的民家。

美軍基地大量集中於此。若以「基地與軍隊的交換」為日美安保的基本性質，那佔有美軍專用設施百分之七十五的沖繩，可說是日美安保體制的核心存在。前面提過，過去當美軍基地多數設於本土時，使得反美軍基地運動高漲。美軍基地集中於沖繩的另一面，則是本土的基地因重整而縮小，使得多數本土居民忘卻了基地問題。在沖繩，因美軍基地的存在而造成的生活問題，與日美安保體制深深地糾結在一起，但日本本島卻因無須考慮國家安全問題而得以過著正常的日子。本土居民只關心身邊瑣事而無須掛心安保問題，我們應可說，這種「五五年體制」的偏差在沖繩問題上顯露無遺。

一九九五年九月四日在沖繩島北部，三名美國海軍陸戰隊員綁架一名小學女生，並施以暴行。雖然馬上確認了犯人身份，但根據《日美地位協定》，直到起訴之前美方並沒有將犯人引渡給日方。沖繩縣議會通過抗議案，大田知事向日本政府強烈要求修正《日美地位協定》。不過，河野洋平外相在和華爾特·孟岱爾（Walter Mondale）會談後，[5]雙方同意改善刑事訴訟法的運用，並認為沒有修改地位協定的必要。在沖繩做為美軍基地使用的土地，知事必須在強制徵收手續中，代替地主在土地報告書上署名，但九月二十九日，大田知事拒絕在土地報告書上簽名。有論者認為，大田此舉並不只是因為少女暴行問題，也有反對前述奈伊「東亞戰略報告」中所提出的，將美軍基地常設於沖繩的意思（《吉元正矩前沖繩縣副知事口述歷史》）。無論如何，暴行問題朝著法庭鬥爭的方向發展。

九月二十九日，那霸地檢署對陸戰隊員起訴後，犯人終於引渡給日方這邊。十月二十一日，縣民於宜野灣市舉行抗議暴行事件的集會，要求修正地位協定與重整、縮小美軍基地。有八萬五千名縣民參與該集會。沖繩原本的保守與改革的對立就較其他地方激烈，但據說這次集會聚集了許多跨黨派的人們。大田知事最初對由社會黨組成的村山政權有所期待，認為村山政權應能理解沖繩所處的立場，但政府的應對卻顯得遲鈍。不久後，美國國防部長威廉・裴瑞（William Perry）於十一月一日抵日，與河野外相進行會晤，雙方同意設立具體研究重整與縮小沖繩美軍基地的協商機構；美方的應對反而早於日方。此後進入橋本內閣時代，並正式對沖繩問題採取行動；一九九五年以來，沖繩問題成為日美關係間的重要議題而躍上檯面。自不待言，日本國家安全政策的基本軸心為日美安保體制，而日美安保條約也規定日本有義務提供美軍基地。不僅是沖繩位於戰略要衝，也因日本全國的美軍專用設施約有百分之七十五集中於沖繩；因此一旦沖繩全

---

5 譯註：當時的美國駐日大使。

縣展開反基地運動的話，日美安保體制自身便將陷於危機之中。對於關注東亞情勢、重新評估日本的美國來說，必然在這個問題上感受到危機。

擾動日美政府的沖繩

橋本龍太郎就任首相之後，據說最令其費神的問題之一，即是沖繩問題。一位與橋本關係親密的堂兄弟便是在戰爭中亡於沖繩。也是因為這層原因，橋本對沖繩抱有強烈的情感。與沖繩有私人的關聯，因而以強烈的情感面對沖繩問題的政治人物，包括橋本龍太郎、官房長官梶山靜六以及橋本的繼任首相小淵惠三。橋本深度投入處理沖繩問題，包括美軍基地的重整與縮小，和落實以沖繩經濟自立為目標的振興政策。

在此，我想簡單地談談關於振興沖繩的問題。我在前面提到，為了解決沖繩與本土之間經濟差距，政府於一九七二年返還之際制定了《沖繩振興開發特別措施法》。根據該法，推出了橫跨三期的振興計畫，並投入大量的預算。但這其中無疑地包含著一種補償意義，即對沖繩比本土承受更多美軍基地的補償。當然，政府並不會如此陳述；而沖繩也不會說自己是因為承受基地而獲得振興經費，因此雙方各自了然於心。儘管如此，發生少女暴行事件的一九九五年已是沖繩返還後的第二十三年，問題就在於一邊承受基地進駐，又同時實施振興策略的情況長期持續。當然，沖繩比日本更晚恢復主權，也沒有從高度成長期以來於日本各地進行的公共事業中獲利；加上其離島特性，公共事業對沖繩有著很大的必要性。

另外，遠離日本本島的沖繩在經濟結構上完全沒有製造業，因而依賴公共事業的比率也佔多數。因此，沖繩經濟長期被稱為三K（公共事業、觀光與基地）。[6]做為設置基地的代價而不得不仰賴國家提供的資金，這種模式形成了與基地長期進駐有關的惡性循環。從政府的角度來看，這是一種系統。在該系統中由於和美國的交涉極為困難，因而放棄對基地的重整與縮小，只透過金錢的力量要求沖繩負擔美軍基地。這可說是一種一邊推遲處理基地問題，一邊又對沖繩過重負擔視而不見的狀態。「推遲基地問題」以及「不公平的負擔」，一直存在於政府與沖繩的關係之間。這不僅是政府與沖繩，如說是日本本島與沖繩的關係反較恰當。

雖然有大筆資金投入沖繩振興之中，但問題在於實質規劃沖繩振興政策的是中央政府而非沖繩縣。沖繩振興計畫的形成過程，是由各省廳湊集與振興相關的計畫與經

6 譯註：公共事業、觀光與基地的（日文）羅馬拼音開頭均為K。

費，並據此制定振興計畫後，交由沖繩開發廳實施。然而，振興計畫的內容卻在沖繩引發反彈。如各位所知，沖繩原本是稱為琉球國的獨立國家；一六〇九年被強制納入薩摩藩的軍事統治下，經過一八七二年至一八七九年的「琉球處分」後，琉球從王國轉為「藩」，最後成為沖繩縣。由於有這樣的歷史背景，人們就沖繩是否屬於日本這個身份認同問題，有著長年的爭論。因此即使是返還日本之際，要求特別自治權的聲浪也絕非少數。若是不明瞭這層歷史背景，也許無法理解本土與沖繩複雜的關係吧。

在這場針對少女暴行的縣民集會後，一九九五年十一月四日「大田－村山」會談得以實現。在這場會談中，沖繩縣方提出了「基地返還行動計畫」的草案以及「國際都市形成構想」的框架。「國際都市形成構想」是沖繩縣獨自彙整而成、以沒有美軍基地的沖繩為想定的未來構想，與「基地返還行動計畫」有著密切關聯。只不過，當時該構想仍處於規劃階段。但該構想既然已和「基地返還行動計畫」一同由沖繩縣向中央提出，而且也據此決定設置「沖繩設施暨區域特別行動委員會」（SACO），那麼就有必要加速定案。也就是說，「國際都市形成構想」是在大幅提前的狀況下制定的。

如此，在「國際都市形成構想」的具體化以及縣政府正式計畫展開的同時，與美軍基地有關的協議也一併持續推進，並以「基地問題協議會」的成立做為代表性象徵。

這段時期，中央政府似乎為沖繩縣府的積極提案與發言所壓倒，被迫處理基地問題。之後，村山內閣解散，橋本龍太郎內閣於一九九六年一月誕生。

一九九六年四月十二日，在橋本首相與孟岱爾大使的會談中，雙方就歸還普天間基地一事達成共識。普天間基地位在宜野灣市中心，周圍是住宅、學校等其他設施，一旦發生事故將相當危險。普天間也是沖繩的返還要求中最重要的一座基地。對事故的擔憂，也因二〇〇四年一架普天間基地所屬的CH-53D直升機墜落在鄰近沖繩國際大學的校園內，而成為了事實。但幸運的是，當時地面並無人員傷亡。不過，與基地比鄰而居的危險自不待言。另外，當時在返還普天間的共識當中有項最重要的前提，即是基地將移往沖繩縣內他處而非縣外。這項前提在未來成為重大問題。

也就是說，因普天間基地的返還而需另在縣內尋覓他處，而對新地點的談判將會滯礙難行。事實上，沖繩問題成為重要案件的時期，和日美安保體制強化的時期重疊；這時日美安保正面臨朝鮮半島核子問題與臺海問題，美軍絕對不會允諾撤出其在東亞的兵力。雙方商議過各種替代方案，例如和嘉手納基地的整合案；最後浮上檯面成為最佳選項的，是在名護市東部邊野古地區建設海上直升機機場的方案。日美特別行動委員會（SACO）的最後協議，是將普天間的功能移往沖繩東部海岸的海上設施，並歸還安波訓練場等十一個設施共五千兩百公頃（約沖繩美軍基地面積的百分之二十一）的土地。此案將在沖繩縣內持續引發爭議；在普天間基地遷移問題上，取得當地居民的同意並非易事。

一九九七年十二月二十四日，橋本首相與大田知事、名護市比嘉鐵也市長進行個別會談，並尋求合作。結果，比嘉市長接受基地遷移案，同時也發表聲明辭去市長一職，大田知事那時則採取保留態度。隔年二月六日，大田知事正式反對建設直升機機場的代替方案。從此刻起，沖繩縣與中央政府的關係逐漸失和。另一方面，在比嘉市長辭職後的選舉中，主打振興地方經濟，同意建設基地的前副市長岸本建男打敗反對基地派的玉城義和當選市長。因此便形成了縣府反對、市府贊成的情況。大田知事在名護市長選舉後，反對基地的態度愈發強烈。沖繩縣政府與中央政府的對立更是加深，在一九九八年沖繩縣知事選舉中，以三度連任為目標的大田為保守派的稻嶺惠一所擁護。而此時已是小淵惠三內閣時期，對沖繩問題懷抱熱情的橋本，其所做的努力最終沒能開花結果。於是沖繩問題就像這樣，不斷留給下一個政權、下一個知事處理。目前沖繩問題仍未能解決，而中央與沖繩縣的對立程度卻又更加嚴重。沖繩問題並非一個地區性的問題，而是象徵日本戰後國家安全政策與國家型態的問題。

二、震災與恐攻——欠缺危機管理體制的日本

阪神大地震

一九九五年，與沖繩少女暴行這件令人痛心的事件同年，日本本島也發生了重大災害事件。這事件也迫使日本從根本上重新檢視其危機管理體制。

事件以巨大災害為開端。一九九五年一月十七日凌晨五點四十六分，發生了以兵庫縣淡路島北部為震央，芮氏規模七．三的大地震。由於地震於凌晨發生，許多人被壓在倒塌的房子底下。而伴隨火災的發生，這次地震共造成六千四百三十四人死亡，四萬三千七百九十二人受傷（二〇〇六年消防廳的最後統計）。房屋全倒十萬四千九百零六棟，半倒十四萬四千兩百七十四棟、部分損壞到達三十九萬五百零六棟。鐵道方面JR（日本鐵路公司）與私鐵全線不通，並有多數高樓倒塌。其中阪神高速公路的神戶—東灘區段，其如波浪般橫倒於地的光景令多數市民感到驚訝，也給予了那些對日本高速公路安全性有著相當自信的道路工程業者極大的衝擊。神戶港也遭受了近乎毀滅性的打擊，以神戶製鋼所為主，該區所在的許多公司行號與店家也受害。

問題在於政府第一時間的應對。據說地震發生當時人在首相官邸的村山首相，是

於凌晨六點從電視中得知災情。此後雖於七點三十分左右接到秘書官的聯絡，但必要且正確的情報並沒有適當地傳達給首相，村山當天雖心繫災情但仍一如往常前往國會備詢。另外，當時村山在國會被追問災情時卻回答「畢竟是第一次遇到這種事」而遭受到輿論的批判。

此外，最為大規模災害所需的自衛隊災害派遣也反應不及。自衛隊本身在災害發生後立即做好出動準備，一邊蒐集各地情資同時等待著救災請求。不過，當時自衛隊需收到知事的請求後才能出動，而請求卻遲遲未能發出。最後，地震發生四小時後，偶然接到自衛隊電話的兵庫縣廳職員向自衛隊確認了出動請求，知事之後才以事後承認的方式認可。[7]

由於從待機到出動為止浪費了許多寶貴時間，出動的自衛隊也因遇到塞車等狀況，在救災過程中遭遇困難。當時的批判認為，若自衛隊能夠更早出動的話應能拯救更多寶貴性命。關於知事遲遲未發出派遣請求一事，也有論者批評該縣屬於革新派自治體，對派遣自衛隊一事有所避忌，因此才會遲遲不肯發出派遣請求。

確實，革新自治體對自衛隊有著強烈的避忌傾向，因此平時就沒有與自衛隊合作實施避難訓練。在日本這種經常發生天然災害的地帶，這是一個意識形態凌駕於行政之上，讓居民蒙受災害的悲慘例子。不過，就當時兵庫縣知事貝原俊民來說，災害情報的傳達也有所延誤，所以不能僅僅追究知事的責任。因為，如何在危機發生之際將情報傳達給最高層並仰賴其正確的判斷，問題在於危機管理系統本身。

而這個問題不僅是地方自治體，中央政府亦如此。首相官邸中負責應對災害的國土廳也無法收集到情報。在緊急應對上，垂直溝通的障礙於此非常時期仍聳立在政府內部；例如礙於檢疫問題，政府耗費一天的時間才接受瑞士提供的搜救犬。理應做出迅速反應的指揮核心不能快速決斷，放任災害持續加劇，不只是那些受災戶，全體國民對政府的不信任感更因此提高。

這種狀況直到一月二十日，由北海道沖繩開發廳長官小里貞利出任「震災大臣」後才獲得改善。小里出身北海道，曾擔任青年團長、六屆縣議員、縣議長、全國都道府縣議長會會長，熟稔地方的情況與行政。另外，在出任過勞動大臣等經歷後，於任職國會對策委員長時，促成自社先三黨聯合政權，也是一位精通各黨與國會情況的資深政治人物。[8]對執政經驗尚淺的社會黨來說，所缺乏的乃是能夠應付此非常時期的人才，於

7 譯註：兵庫縣消防交通安全課課長助理野口一行，在接到來自自衛隊的確認電話後立刻同意自衛隊出動。

是在三黨主席會談中決定由自民黨的小里就任特命相。[9]由於小里在災害當地設置對策本部並集中蒐集情報，又在其下成立特命室，迅速地應對災情，整個救災情況才稍微開始有了進展。

但如同小里事後所表示的，「與自衛隊聯合行動的事前體制不充分」、「掌握初期災害規模的系統並未建立」以及「通報首相官邸的情報聯絡體制不充分」（小里貞利，《震災大臣特命室》），日本的危機管理體制本身無疑有著巨大缺陷。關於危機時刻的政治應對方法，小里以自身經驗整理出面對非常時期的教訓。重點摘述如下：

（一）強力的領導力——上意下達與速斷速決；

（二）具魄力的組織力——採取自身承擔一切責任的態度，以及不輕言放棄；

（三）臨機應變——不可一味地沿襲前例，要有超越舊框架的必要性；

（四）現場優先主義——以「親眼看、親耳聞、親力行」的態度掌握情報、重視現場的聲音以及憐憫之心的重要性；

（五）宣傳的重要——消除受災者的不安，以及機警適切宣傳的必要性。

上述五點均是鞭辟入裏的剖析，是從許多震災罹難者身上換回的寶貴教訓。在情報體制與自衛隊出動問題等系統面上，政府一直謀求改善。檢視二〇一一年遭遇前所未有的震災、海嘯所造成的災情時，我們想知道的是阪神大地震的教訓是否真的被充分活用？這是有必要加以驗證的。

此後，二月十日，政府決定設立阪神淡路復興委員會做為首相的諮詢機關，以前國土廳次官、綜合研究開發機構（NIRA）理事長下河邊淳為委員長，負責研議災後復興方針（二月二十日第一次會議）。該委員會提出以公費清理倒塌房屋、推展公用住宅建設計畫以及市區重新開發事業。二月二十二日，於參議院本會議通過震災復興基本方針，以及決議設置淡路復興對策本部（本部長為村山首相）負責重建政策之實施。五月，通過包含震災的重建、復興與當時日圓升值對策在內，總額二兆七千兩百億日圓的修正預算案。至此，日本終於朝著重建與復興之路前進。

奧姆真理教事件

一九九五年三月二十日早上八點，當時災後重建與復興的討論終於開始步上軌道，

---

8 譯註：自由民主黨、日本社會黨以及先驅新黨。

9 譯註：特命擔當大臣，以內閣總理大臣的命令，負責處理重要事物或法定事物的國務大臣。

但這次卻發生了不曾預料過的大事件，即奧姆真理教所策劃的地下鐵沙林毒氣事件。行經東京地下鐵霞關站、日比谷、千代田、與丸之內線的五班列車，遭人散佈沙林劇毒，此乃前所未聞的都市型恐怖攻擊。這起造成乘客與站務員十二人死亡、多達五千五百人輕重傷的事件，帶給了人們兩方面的衝擊：由奧姆真理教這個擁有奇特教義的邪教組織所犯的罪行，以及都市應如何面對這類幾乎難以防備的攻擊。

奧姆真理教與其傳教活動是從一九八〇年代末開始廣為人知，教團總部與分部所在之處，不斷地與當地居民發生對立，遂逐漸地走向犯罪。教團轉變成「準國家」，並以擁有許多理科高學歷信徒聞名。三月二十二日，警視廳等單位對位在山梨縣上九一色村的教團總部進行搜查及採集證物。警方確認真理教與沙林毒氣事件的關聯，並發現該教甚至跳脫常理，試圖製造殺人武器、毒氣與生物武器。此後雖對該案是否適用《破壞活動防止法》進行了討論，但最後並無採用此法。對假借宗教法人名義的危險團體，以及對發生在複雜且高度發展都市中的恐怖攻擊毫無防備，對於不曾思考過於日常生活中遭受突發危機襲擊可能性的日本人來說，奧姆真理教事件實為巨大衝擊。

在一九六〇到七〇年，延續安保鬥爭學運激烈的時代中，也有極端派從事恐怖攻擊活動並造成他人受害，但那些都已是過往雲煙。慣於富裕與和平生活的日本人，根本不認為國內會發生大規模恐攻。雖說這展現了日本的平和，無疑是件令人欣慰之事。但這並不表示無須考慮危機的發生。政府的最終責任，乃是維持國家與國民的安全。阪神大地震這個戰後最大規模的天災，以及奧姆真理教的恐攻，上述兩個事件顯示出日本這個國家對危機處理的脆弱性。此乃五五年體制下，不對國家緊急事態進行想定，執著於經濟發展與利益分配的負面結果。

彈道飛彈與不審船

從阪神大地震與奧姆真理教的恐攻中，暴露出日本危機管理體制的缺陷。日後接踵發生的事件，讓多數日本國民體認到，外部對日本的威脅確實存在於現實之中。此乃北韓主導的飛彈發射實驗以及不審船問題。

北韓於一九九三年也進行過飛彈發射實驗。當時傳出北韓朝著日本海發射蘆洞中程彈道飛彈（北韓稱勞動飛彈），落在能登半島北方。[10]那時的試射對日本本島並無直接影響，北韓在兩週後傳達遵守《不擴散核武器條約》（NPT）的意向，故而沒有引發

10 譯註：在日本石川縣北陸地方中央附近，向日本海往北延伸出去的半島。

太大的問題，但一九九八年這次就不同了。北韓發射了比蘆洞射程更遠的大浦洞中近程彈道飛彈（北韓稱白頭山一號飛彈），其軌跡在津輕海峽附近飛越過日本列島，據說飛彈落在太平洋。由於北韓並未事先告知各國，日本政府與媒體都對此嚴加看待。聯合國也對北韓發射飛彈發表深感遺憾的聲明稿，北韓因而再次成為東亞不穩定因素而受世人所關注。

接著發生的不審船事件問題則更為嚴重。國籍不明的不審船於日本近海出沒一事，公共安全或警察相關人士對此略有所知。身為島國並擁有廣大海岸線的日本，不可能對海岸沿線設下警戒。所謂不審船，可能是黑道組織用於非法獵捕或走私相關行動的船隻，這裡所說成為日本國安問題的乃是北韓的不審船。這些船隻被用於蒐集情報、與潛伏在日本國內的情報員進行聯絡，或者是運送情報員與綁架日本人。不審船或偽裝成漁船，或是使用日本船名稱，也有些搭載了強力主機能高速行駛，因而至今仍難以緝拿。

一九九九年三月，飛彈試射成為許多日本國民對北韓抱有不信任感的開端，這次則以不審船震驚了多數國民，並成為了自衛隊史上第一次發出「海上警備命令」的事件。在日本海原本就有許多相關單位關注著可疑雷達電波；這次事件中由於收到來自美軍的情資以及攔截到能登半島海面上的不明訊號，因而緊急地由海上保安廳與海上自衛隊共同處理。

事發經過簡述如下。雖然海上保安廳對暴露行蹤的不審船隻進行嚇阻射擊，該船也無停止抵抗的跡象；保安廳的船艦反而陸續地被不審船甩開。野呂田芳成防衛廳長官遂決心下達「海上警備行動」命令。川崎二郎向政府聯繫，表示「此事超過海上保安廳的能力」，以做為發動海上警備行動的手續。政府收到川崎的聯絡後，立即召開「持回閣議」並同意海上警備行動，由野呂田長官發出命令。[11]但儘管面對自衛艦的警告射擊與P－3C海上巡邏機的警告攻擊，不審船隻仍不肯停駛；切入不審船前方投網迫使其停止的企圖也未獲成功。最後，不審船逃入北韓的清津港，海上警備行動終止。

海上保安廳與海上自衛隊在這次行動中留下許多教訓，保安廳決定建造高速的巡視船以及強化與海上自衛隊的聯合行動。另外也修正了《海上保安廳法》，海上保安官可對無視警告逕自逃逸的船隻開槍，就算對目標船船員造成危害也無違法之虞。這些對策於二〇〇一年十二月的九州西南海域事件中發揮作用，保安廳巡視船與不審船駁火，

11　譯註：內閣會議本應召集各國務大臣進行決策，持回（持ち回り）閣議意指不召集大臣，由參事官逐一向各大臣遞交決議案，藉此取得同意。這是一種在緊急情況下採用的權宜手段。

不審船最終自爆沉沒。

若要說不審船事件與海上自衛隊的關聯，即是從日本法律體系來看，「海上警備行動」是經過嚴格的判斷標準，並伴隨著沉重的決策，乃因其本就屬於「警察行動」之故。因此，身為軍事部隊的海上自衛隊，其行動也被限制在警察行動的範圍內。在一九九九年事件中的警告射擊、警告轟炸已是行動範圍的極限。若從逃逸的不審船隻行為來看，它應已認識到這就是日本領海警備的極限。此與所謂的「灰色地帶問題」有所關聯，這問題即便在當今的《安保法制》之下，也不能說有了充分的改善。關於這點我將在最後一章再次探討。

北韓上述的活動，對幾乎不曾實際體驗過外來威脅的日本國民來說，頗具衝擊性。冷戰時期，雖有蘇聯的存在，但大多數的日本人並沒有將其視為咫尺之距的威脅。冷戰結束後的波灣戰爭、前南斯拉夫內戰與非洲等地的種族紛爭，又是千里迢迢遠在天邊之事。一九九〇年代初期的北韓核武危機，除了一部份人之外，並沒有太多國民認為事件會影響到日本本身。

然而，一九九六年的台海危機、北韓發射跨越日本的飛彈以及首次的「海上警備行動」，這些事件一如預期地促使國民認識到外部威脅的存在。從民調中也能發現這

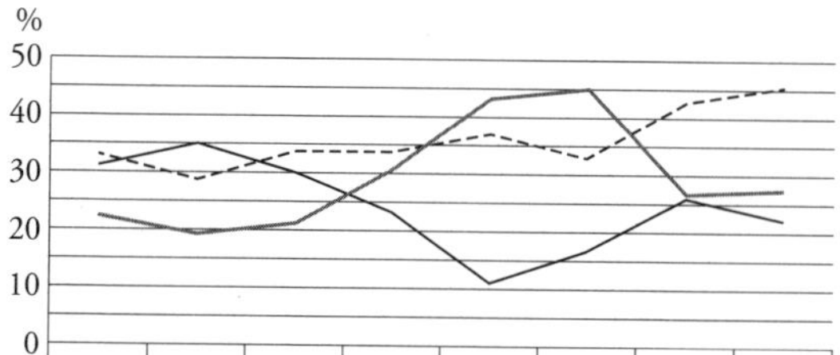

	1991	1994	1997	2000	2003	2006	2009	2012（年）
—— 有危險	22.3	19.2	21.1	30.5	43.2	45.0	26.6	27.3
----- 可能有危險	33.1	28.7	33.8	34.0	36.8	32.6	42.6	45.1
—— 不危險	31.3	35.2	30.2	23.2	11.1	16.5	25.8	22.1

圖 14　日本被捲入戰爭的危險性　（作者以內閣府民調資料製作）

個時期已產生了變化，認為「日本有可能捲入戰爭」的人持續增加（參考圖十四）。不只是北韓，達成驚異經濟成長的中國，其存在也逐漸成為現實中的威脅。接著跨入新世紀後，整個世界被迫去應付國際恐怖組織網絡這個新興威脅。因而日本也處於無法置身事外的狀況之中。

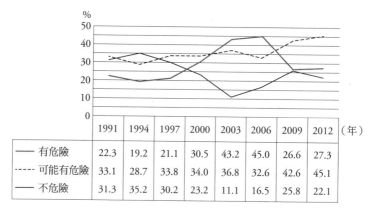

第五章 「新型態威脅」的時代——日美同盟與防衛政策的轉換點

一、「新型態威脅」與日本的防衛政策

「九一一」事件的衝擊與自衛隊

發生於二〇〇一年襲擊紐約、華盛頓這些美國本土政治經濟中心的九一一恐怖攻擊，是象徵二十一世紀新型態威脅的事件。九一一發生後，日本的國家安全政策朝著兩個方向前進。第一是以二〇〇一年十一月的《反恐特別措施法》以及二〇〇三年七月的《伊拉克人道復興支援特別措施法》為代表，也就是支援美國的「反恐戰爭」。二〇〇四年四月，日本成立「安全保障與防衛力懇談會」，並以該懇談會報告書為基礎，於二

〇〇四年十二月制定新的《防衛計畫大綱》。第二，即是新《防衛計畫大綱》所主張，應付以日本為目標的「新興威脅」。前者為日美合作，後者為日本本身的防衛政策。

不過，日本終究還是要將主要精力投入在前者。支援美國攻打阿富汗的《反恐特別措施法》，以及支持美國攻打伊拉克並承擔戰後重建的《伊拉克人道復興特別措施法》，兩者都屬於特別措施法的限時法，也都是避免重蹈波灣戰爭覆轍的緊急對策。[1]若從《反恐特別措施法》這個簡稱來看，乍看像是用來處理對日本發動的恐攻，實際上卻是協助國際對九一一事件後的行動。具體來說，就是在憲法的範圍內協助以美國為首的多國聯軍進攻阿富汗。另外，《伊拉克人道復興特別措施法》是派遣自衛隊到情勢仍不穩，甚至可說處於內戰狀態的伊拉克。若回顧一九九〇年自衛隊於日本以外的地區行動所造成很大的政治紛爭，甚或從自衛隊的歷史來看，自衛隊的伊拉克派遣可說是戰後日本史上劃時代的大事。

二〇〇一年發生於美國的九一一事件，其意義為突顯國家安全政策有必要從過去以國家間戰爭為基礎的思維，轉變成國家對抗恐怖組織這類不對稱、新型態的威脅，故而是劃時代的變革。當時小泉純一郎首相的處理是先由官房長官發表聲明，但卻因而遭到批判。正是因為第一時間的動作遭到挫敗，往後小泉便以一九九〇到一九九一年波灣戰爭的教訓為前提積極支援反恐。九月十九日，政府發表包括「派遣自衛艦」在內的「當前措施」。二十五日小泉訪美，明確提出支持美國的反恐戰爭。接著十月五日，內閣會議通過《反恐特別措施法》，並於同月二十九日於國會表決通過。能在恐怖攻擊發生後相隔不久便通過該法案，乃因日本國民也受到九一一事件帶來的極大衝擊，而當時小泉的高支持度也有推波助瀾之效。如此，對於以美國為首的多國聯軍出兵阿富汗一事，自衛隊遂能以補給、加油的形式參加與支援。

出兵阿富汗是以聯合國安理會決議案為基礎，是經過國際社會大多數成員同意的行動。另一方面，二〇〇三年，日本對美國出兵伊拉克提供了更進一步的支援。日本首先支持美國的軍事行動，因而在小布希總統發表地面戰結束宣言後，決定派遣陸上自衛隊。派遣的目的是支援伊拉克戰後重建。雖然美國宣告戰爭結束，但自衛隊派遣的地區內，仍有武裝勢力頻繁地活動。這時，朝野針對自衛隊前往戰鬥地區的基本方針發生對立；對於這次的派遣決定，批判聲浪中也對是否違憲的質疑。當時，面對在野黨「非戰鬥地區」定義的質詢，政府竟出現「自衛隊所在之地就是非戰鬥地區」、「你問我，我

1 譯註：在一定時間內有效的法律，期滿後需經國會重新表決。

也不可能知道」這類強詞奪理的答辯。

實際上，從長期的角度切入，當時的政府說明本身也有問題。問題在於，就法律上的意義而言，「戰鬥地區」到底是什麼？從自衛隊的派遣根據《伊拉克人道復興支援法》的立法宗旨來看，所謂非戰鬥地區是以「我國領域以及未發生戰鬥行為（國際武力紛爭的一種類型，殺傷人員或破壞物品的行為，以下同。）、且於進行活動的全程期間判定不會發生戰鬥行為的區域。」來表示。進一步說，政府法律上定義「戰鬥區域」是指發生憲法所禁止的戰鬥行為的區域，即「國家或者準國家組織，以計畫性的方式行使武力」。根據這個定義，既非國家也非準國家的恐怖組織行為就不屬戰鬥行為，也就是說不論恐怖組織做了什麼事情，在法律上其發生地點都算是「非戰鬥區域」。「有恐怖攻擊發生就是戰鬥區域」這種在野黨與媒體的批判，可將其視為不瞭解法律定義之物而予以否定。確實，以法律來說的確不是戰鬥區域。但問題是，法律上的「非戰鬥地區」並不一定是安全地帶。

雖說國家之間的戰爭威脅已大幅減少，但另一方面現今國際社會最大的威脅之一，乃是已建立起國際網絡的恐怖攻擊活動。恐怖組織持有的武器破壞力也較以往增加，不遜於正規軍事組織。假設恐怖組織計畫全力攻擊自衛隊，預料將會造成相當程度的傷害。日本的國際合作活動始於波斯灣、柬埔寨等雖不甚安定但至少已同意停戰的地區；伊拉克派遣有別於至今為止的國際活動，是出動自衛隊至嚴苛環境的危險地區。換句話說，法律上的解釋與現實之間存在著巨大的落差。

軍事組織的目的在於，當在國家利益上有需要時則動身前往，即使是危險地區亦然。由於目的地屬於危險地區，所以由身為軍事組織的自衛隊前往而不是動用民間組織。加上顧及到國內政治，政府的法律解釋明顯地讓人感受到是為了凸顯伊拉克派遣行動仍未脫離憲法框架。儘管幸運地沒有人員因此犧牲，但用憲法以及日本的法律體系一同決定自衛隊派遣的形式，這種作法已達極限。

另外，聯合國安理會於二〇〇四年通過一份納入伊拉克人道復興支援的決議案，自衛隊因而參加了多國部隊。一九九〇年波灣戰爭之時，自衛隊因憲法問題而無法加入多國聯軍，這次則以人道復興支援為目的參與其中。這不僅對自衛隊的歷史來說，對戰後日本國家安全政策也是劃時代的突破。事實上，為了使自衛隊能參與多國聯軍，日本曾向英美進行遊說，促成包含復興支援任務的安理會決議案。小泉以其和小布希之間私人的信賴關係為基礎，成功地建構出可說是戰後最良好的日美關係。然而，如前所述，自衛隊的國際行動在小泉時代時一口氣跨越過去的障礙並擴大了範圍。因此，日本來到了應重新討論往後該如何以自衛隊從事國際活動的時期。

自衛隊的統合運用問題與PKO

除了聯合國和平行動與災害支援的框架之外，自衛隊於反恐與支援戰後重建的作為上——特別是與美軍之間的具體合作展開後，統合運用（聯合作戰）問題成了急速浮上檯面的重要課題。統合運用問題在當初由保安廳改組為自衛隊時就為人所討論。最初基於壓縮制服組地位的觀點而放棄強化「統合幕僚會議」，但一九七六年防衛大綱制定時，如前所提，曾以整備「基本防衛力」的觀點試圖強化統幕的機能。不過當時恰巧碰上日美合作的大幅進展，「基本防衛力構想」因而受到忽略，統幕的機能遂在幾無變動的情況下進入後冷戰時期。實際上，統幕的機能獲得強化，是在自衛隊為了國際援助而派遣至海外時開始的。只不過這個過程是循序漸進的。雖然在《防衛白皮書》中常談到強化統幕與統合運用，但實際上並無太大的進展。

由於必須處理不審船事件或九一一恐怖攻擊後的「新型態威脅」，統合運用的重要性與日俱增，各幕僚長與統幕議長於二〇〇二年四月接獲指示進行「統合運用之研究」；而其研究成果也被納入二〇〇四年的新防衛大綱。不過，從過去七六年大綱的狀況中也能明瞭，就算被寫入大綱中，統幕組織變革這類重要課題仍鮮有進展。二〇〇六年三月，統合幕僚會議改組為統合幕僚監部，並設置統合幕僚長負責指揮自衛隊的統合運用，一般咸認改組的契機乃是基於自衛隊與美軍合作上的必要性。

實際上，《「統合運用之研究」成果報告書》中，也將提升日美安保體制的實際效用做為推進統合運用的目的之一。該報告書闡述如下，雖稍嫌冗長但因明示出現行統合運用的內容，故且容我引用：

提升『日美安保體制』的實際效用

自衛隊若與隸屬聯合作戰司令部的美軍共同實施作戰時，相較於美軍由一人指揮四軍種，於單一作戰構想下行動，自衛隊方面則時而以各自衛隊行動，時而以協同或編組統合部隊行動，運用型態不一，因此形成多種多樣的共同協調方式，使得協調過程繁雜。對以日美安全保障體制為基軸的我國來說，自衛隊與美軍的共同行動實屬重要；為了順暢地以統合運用為基礎與美軍進行共同作戰，同時提升日美安保體制的實際效用，自衛隊於平時就需建構能與美軍順暢地進行整合的態勢，例如做好易於統合運用的準備。

甚至，為了應付麻生太郎內閣時期所指稱的「不安定之弧」，自衛隊也有必要處理「美軍軍事轉型」這個重要課題。在與美軍軍事轉型有關的「日美防衛關係首腦會議」上不只強調「有必要強化、改善兩國間的安全保障與防衛合作之實際效用」，同時也著重「提升自衛隊與美軍的協同作戰能力之重要性」。令人期待的是透過美軍重組，將日美防衛合作提升到協同作戰層次。正因為有這些與美軍協同作戰的問題，自衛隊統合運用的提升才有重大進展。

上述統合運用所遇到的問題，可說是耗費龐大辛勞去進行自衛隊成軍以來最大幅度的組織改編。原本陸海空自衛隊成軍的歷史背景與成長的方式就各有差異，其關於國防的思維也如本書所述的大異其趣。陸海空各自衛隊對於統合運用的想法也不盡相同。要在這些差異中於短時間、且又處於任務漸行擴大的狀況下進行統合運用作業，其負擔可謂不小。本書所謂自衛隊任務擴大一事，圖十五有簡單易懂的圖示。該圖明確地顯示出，自衛隊的任務是如何地擴大。

與上述統合運用同時進行的，是預算與人員的刪減。若考量到財政赤字以及在裝備籌獲上屢次發生的問題，正確的基本方針應是一面推進組織「效率化」，一面應對往後的課題。但問題在於是否真能如其所料？人員刪減、大幅組織重組以及顯著擴大的任務範圍，這些對自衛隊此一組織到底有多大的影響呢？這點本是必須和《安全保障法

年度	1991	1992	1993	1994	1995	1996	1997	1998	1999	2000	2001	2002	2003	2004	2005	2006	2007
主要事件	■蘇聯瓦解（冷戰結束） ●雲仙普賢岳火山爆發災害派遣 ●波斯灣掃雷艇派遣 ■波灣戰爭	●柬埔寨維和派遣	●莫三比克維和派遣	■美國－北韓核框架協議 ●盧安達難民救援隊派遣	●地下鐵沙林毒氣事件災害派遣 ●阪神淡路大地震災害派遣	●開始進行戈蘭高地維和派遣	▼制訂新美日防衛合作指針	●宏都拉斯國際緊急援助隊派遣 ■北韓發射彈道飛彈	●東海村臨界事故災害派遣 ●能登半島不審船事件	●有珠山火山爆發災害派遣	●九州西南海域不審船事件 ●以《反恐特別措施法》開始反恐活動 ■911事件 ●印度國際緊急援助隊派遣 ▼中央省廳改革	●東帝汶維和派遣	●伊拉克人道重建支援活動 ▼通過有事三法制	●南亞大海嘯國際緊急援助隊派遣 ▼制訂新防衛計畫大綱 ●中國潛艦領海內潛航問題 ●新潟縣中越地震災害派遣 ▼通過有事七法制	●巴基斯坦大地震國際緊急援助隊派遣	●印尼國際緊急援助隊派遣	●尼泊爾維和派遣

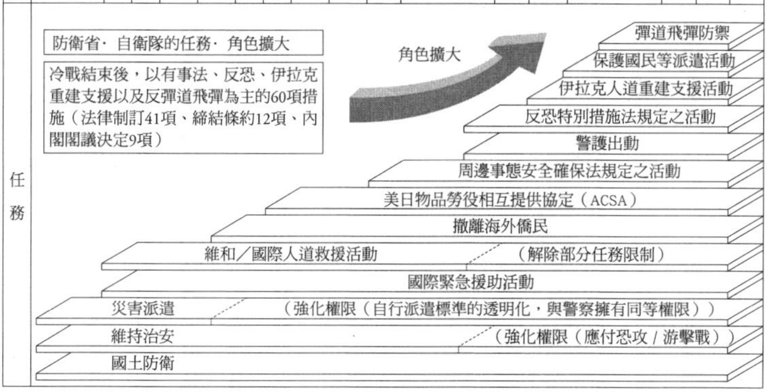

圖 15　自衛隊的角色擴大　　（出處）《防衛白書 2007 年版》

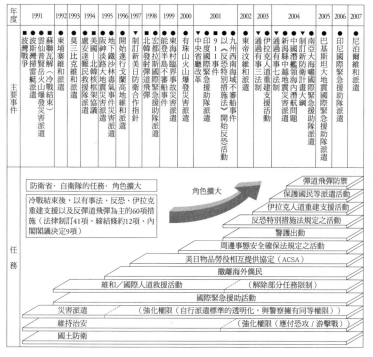

制》改革一同研究的重要課題。

如同本書前面所說的，日本的國際和平支援活動確實受到一定的好評。但事實上，至今日本國內對ＰＫＯ的討論始終在枝微末節上打轉；而不可否認的是，日本的ＰＫＯ也長期處在「參加五原則」的限制之下。自衛隊ＰＫＯ活動的限制雖然也正在減少，例如以波斯灣掃雷、柬埔寨ＰＫＯ之成功為開端，透過累積實際成果而放寬武器使用基準等。不過，現在的ＰＫＯ與當時冷戰結束後不久日本戰戰兢兢地參與ＰＫＯ的時期不同，已經有著極大的變化；「建構和平」為當今ＰＫＯ的主題。如同《國際和平協力懇談會報告書》中所指出，日本ＰＫＯ行動的問題是「大部分受到傳統聯合國ＰＫＯ框架的限制」，以及「在當今最重要的『建構和平』領域內，參與該行動的體制仍尚未完備」。

實際上，當代的ＰＫＯ行動的特徵是「在行使武力範圍的認可上，比過去有更廣泛的彈性」，以及「程度雖不如索馬利亞的UNOSOM II行動那般，但配有相當程度的火力與較寬鬆的交戰規則」。[2]若以現在的對症下藥法來處理放寬ＰＫＯ限制的問題，則不能否定日本將再也無法參與ＰＫＯ的可能性。另外，也有人指出法律上的曖昧以及政治上的限制，將會妨礙自衛隊支援他國的ＰＫＯ行動。若未來真的要積極參與PKO，那麼現在可說是已經來到徹底重新修正組織曖昧性或行動限制等條件的時期了。

進一步說，以往未曾於海外行動過的組織一旦前往海外——而且是伴隨危險的區域，將會產生新的問題。也就是說，在現代的國際社會，所謂的軍事力量（也許說「強制力」比較正確吧）的使用並不限於戰爭，也包含支援聯合國等各種情況。許多國家的軍隊投入以聯合國行動為主的各種行動，並累積「現場」經驗。相較於此，自衛隊卻一直專心致志在國內的訓練。就算自衛隊現在擁有「軍隊」的機能與實力，在法律上仍不屬於「軍隊」；在這種日本獨特的社會環境中，自衛隊成立以來已過半個世紀，並形成了獨特的組織文化。因此問題就在於，自衛隊的海外行動，其所造成的影響有哪些。

例如，自衛隊員置身於與過去迴異的環境中——特別是危險地區，其所產生的壓力問題。自衛隊內部自殺者增加就是其中一個象徵性的問題。相較於自衛隊員全體百分之〇．〇三的自殺率，海外派遣隊員的自殺率為百分之〇．〇八；雖然有必要對海外派

2 譯註：一九九三年三月至一九九五年三月，聯合國在索馬利亞執行的維和行動，期間發生美軍傷亡的摩加迪休作戰。

遺與自殺的因果關係做更慎重的研究，但若就數字上來看，說其確有影響也不足為奇。最近，針對派赴海外自衛隊員的精神照顧有了些許改善，但在積極和平主義的政策下，往後若自衛隊海外派遣擴大的話，就有必要建立更充實的對策。

另外，重點不只在於自衛隊員，其家庭也是個問題。自衛隊員的家庭必須再次面對這個事實：一個以國內訓練為中心的組織將前往危險地區，從事攸關性命安全的工作。在外國，軍隊組織在社會上有高評價，軍事組織成員的家庭自然認識到軍隊的工作伴隨著危險；而自衛官的家庭雖忍受著社會對自衛隊不甚高的評價，卻認知到其工作並不危險，理解這兩者間的差異是如何產生的，實為重要課題。

有事法制與國民保護

二〇〇二年四月，對九一一事件的處理告一段落後，《有事關聯三法案》終於通過內閣審議，進入國會審查。但該法案由於被指出存有許多批判與問題，如：並不符合冷戰後的國際情勢，只不過是重新翻印冷戰時期的研究；應該推出更具整體性的法案；以及延宕「國民保護」的問題。因此直到二〇〇三年六月才正式通過。只不過這時成立的《有事關聯三法案》內，關於「國民保護」的內容是以其他方式於後制定。這部分成為《國民保護法》，於一年後的二〇〇四年六月通過。而且在這一年之間，國際上針對美國出兵伊拉克問題議論紛紛，故政府不得不耗費相當的時間與精力處理支援美國出兵、制定與通過《伊拉克人道復興支援特別措施法》以做為派遣自衛隊支援伊拉克戰後復興的法律根據。

這裡的問題是，雖然已有立法但「國民保護」實際上卻仍不完全。原本，有事之際國家的必要作為是，面對以實質力量進行侵略的外敵，我方也以實質力量予以排除；以及盡可能地將非武裝的國民撤出危險的戰鬥地區。先不論對「國民保護」的是非曲直，對揭櫫「專守防衛」並以此做為防衛政策基本方針的我國來說，「有事」即意味著領土內的戰鬥，而國民的保護就是相當重要的課題。儘管如此，國民保護相關的法律制定，卻如前述直到進入本世紀後才開始。

針對有關國民保護的具體計畫制訂，要等到有事法制通過後的隔年二〇〇四年，《國民保護法》成立之後才開始。《國民保護法》成立後於同年九月實施；以該法為基礎的《有關國民保護的基本指針》在二〇〇五年三月於閣議通過並向國會報告。同年十月，「指定行政機關」[3]的「國民保護計畫」完成；各都道府縣與「指定公共機關」[4]的計畫也在二〇〇五年度內制定。進一步地，各市町村的「國民保護計畫」以及「指定地方公共機關」[5]的「國民保護業務計畫」則以二〇〇六年為目標制訂完成。

那麼，我們能說「國民保護計畫」制定後，日本已具備充分的國民保護體制了嗎？事實絕非如此。有關國民保護計畫，現今仍存有許多課題，至少有以下指出的幾點。

第一，二〇〇五年制定「國民保護計畫」的各都道府縣中，有像鳥取縣那樣積極致力於計畫制定，並與自衛隊、警察和消防單位進行協商的自治體；但現實狀況是多數自治體缺乏熱誠，將保護計畫之制定視為例行公事之外的業務，因法律規定而為之。到了市町村層級，這些自治體對「有事」的理解本就莫衷一是，許多市町村根本不知該如何制訂計畫。在這點上，恐怕會有自治體不去考慮地方特性，以改寫政府提供的「都道府縣國民保護計畫範本」、「市町村國民保護計畫範本」的方式制定計畫、搪塞了事。

第二，國民保護計畫中，自衛隊被賦予很高的期待。前述「都道府縣國民保護計畫範本」與「市町村國民保護計畫範本」是由總務省消防廳製作，即該計畫的基礎是「防災」。對地方來說，以防災的觀點來看國民保護計畫，自衛隊當然是可靠的後盾。但另一方面，「有事」之際自然會出現與防災迥異的狀況。也就是說，自衛隊應優先執行迎戰外敵的本業，行有餘力之時才協助國民避難與引導疏散。「都道府縣國民保護計畫範本」中也附有「必須留意的是，發生武力攻擊事態之時，自衛隊可在不影響主要任務——排除對我國侵略之活動——的範圍內，盡可能實施國民保護措施」這樣的但書。不過，這份範本卻也要求自衛隊協助進行如下廣泛的行動：

（一）引導避難居民（掌握引導、集合場所中的人員重整、避難狀況）；

（二）救援避難居民（供給食品與飲用水、提供醫療、搜索與救援受災者）；

（三）武力攻擊災害的處理（掌握受災狀況、人命救援行動、消防與防洪行動、處理核生化攻擊造成的污染）；

（四）武力攻擊災害的緊急修復（去除危險的瓦礫、緊急修復設施、去除污染等）。

上述項目可說是「平時不準備，全賴自衛隊」。但既然將這些項目納入協助範圍，自衛隊就必須進行與之相應的準備，也得實施訓練。不過，容我在此重述前言，自衛隊的第一要務乃是對抗外敵。自衛隊的預算與組織都處在縮小階段，其究竟是否真有餘力完成國民保護任務呢？假若自衛隊無法完成預期的任務，難道不會有人無視「國民保護

3 譯註：指定行政機關，該法中所指定的政府行政機關，如內閣府、警察廳、消防廳等國家行政單位。
4 譯註：指定公共機關，該法中所指定的公共機關，如電力公司、大眾運輸公司、銀行等機構。
5 譯註：指定地方公共機關，該法中由地方政府指定的公共機關。

計畫」本身的問題，而去批評自衛隊「與舊日本軍一樣拋棄居民」嗎？

以上關於國民保護的問題點，在防衛力要強化的重要地區如西南諸島特為重要。也就是在沖繩這個南北四百公里長、東西一千公里寬的島嶼縣，除了沖繩本島、宮古島和石垣島之外，是以人口數千或數百的離島為主。目前，政府決定在與那國島配置警戒監視部隊，[6]也正在研究於石垣島或宮古島部署陸上自衛隊，以做為西南諸島防衛強化政策的一部份。原本，由於和中國在尖閣諸島對立之故，[7]政府早已提倡「離島防衛」，也開始與美軍實施共同訓練。目前正在進行的與那國島部署陸上自衛隊一事，其背景也是日中對立之故，亦是「離島防衛」、「國境離島警備」這些措施的一部份。

不過，由於屬於島嶼地區加上地方政治問題，與那國島、石垣島所在的八重山、宮古地區同時也是「國民保護」相關措施進展緩慢的地區。在這些地區強行推動自衛隊之部署，將會帶來嚴重影響；例如與那國島的地方社群就分成贊成與反對自衛隊部署兩派。與基地所在地的自治體保持良好關係，是自衛隊基地穩定運作的基本條件，在與那國島卻因居民的對立，而導致在部署前就喪失了此一條件。

在與那國島，贊成派的多數人期待建設基地能帶來提振經濟的效果，只有少數島民因關心國防而贊成。另一方面，反對派擔心若與中國發生軍事糾紛，與那國島將因自衛隊基地而成為攻擊對象。實際上，政府於二〇〇八年壓下與那國町的反對聲浪，讓美國掃雷艦駛入島內的港口；據說這件事本來的目的在於調查與那國島於台灣有事之際，做為美軍掃雷艦等船艦基地的可能性。日本本島的媒體並沒有傳達事情原委，但在當地卻廣為人知。居民認為若建設自衛隊基地，則也可能和美軍共同使用基地；一旦基地完成後對島上的軍事利用也會增加，居民自然會畏懼成為攻擊對象。國民保護相關措施遲有進展，又在與多數島民意願相違下推動軍事化，反對派島民對此抱有強烈不滿。沖繩原本就對軍事有著較多特殊情結，而強行在與那國島建設基地的事情也傳到其他地區，因此若強行推動基地建設等防衛力整備計畫，勢必會造成各種影響。根據沖繩縣的民調，縣民對自衛隊絕對沒有負面情感。但不能否定的是，若這種政策繼續下去的話，其後果可能會反映在縣民對自衛隊的情感上。

原本，把「專守防衛」——以自國領域內進行戰鬥為前提——做為基本方針，思考此方針下的實際防衛行動時，本就該討論如何保護國民，並研究各種措施。但實際上

6 譯註：即位於與那國駐屯地的與那國島沿岸監視隊，全員一六〇員，已於二〇一六年三月二十八日部署完畢。
7 譯註：即我國所稱的釣魚台列島。

「專守防衛」是政治用語，因此很難說防衛廳當年曾認真思考過在專守防衛下如何保護國民。在現實上，與那國島島民可說是正面臨這個問題。針對反對部署自衛隊的島民，有許多批判言論是來自日本本島。但這種沒有身處危險之地，也不知當地實情就一味批判的態度，應予以嚴加節制。我們不能忘記，位在國境離島的人們一直在面對這個從「專守防衛」成為日本國防政策基本方針之時，就應處理卻完全沒有處理、跨越世紀的重要課題。

二、防衛政策的變化

防衛大綱的變遷

由於美國的九一一事件，國際恐怖攻擊成為了國家安全領域的重要課題。日本也於二〇〇四年四月設置「安全保障與防衛力懇談會」（通稱為荒木懇談會），研究因應以恐怖攻擊為主的新型態威脅下應有的國家安全政策。該懇談會於同年十月為止進行了十三次會議，並向小泉首相提出報告書。其內容為，在複雜多樣的國家安全環境中，有必要建構整合性的國家安全戰略以達到下面兩個目標：第一，使日本不受到直接性的威脅，或即使受到威脅亦能將傷害減至最低（日本防衛）；第二，減少世界各地發生威脅的機率（國際安全環境之改善）。為了達到這兩個戰略目標，該報告書提倡組合運用以下三種方法：

（一）日本自己的努力；

（二）與同盟國合作；

（三）與國際社會合作。

一九九五年的防衛大綱是要以日美安保為中心，甚至有些偏重日美安保；但另一面，日本的自主性卻顯得薄弱。相較與此，該報告書主張的第一種方法「日本自己的努力」，其背景因素為面對新型態威脅時，要靠日本自己負責處理之事增多。另外，政府再次提倡九五年大綱制定前，樋口懇談會報告書中的「多元安全保障合作」思維，並以第三種方法「與國際社會合作」的形式呈現。故「國際社會的和平與安定，對日本的國家安全來說為不可或缺之事」的想法再次獲得確認。

另一個關注點是，荒木懇談會報告書中提倡「多功能彈性防衛力」，做為與前述戰略目標相應的防衛力。接著，以此報告書為基礎彙整而成的，乃是二〇〇四年的防衛計畫大綱。第一份大綱於一九七六年制訂，下一份則於一九九五年，兩者間隔約有二十年。但這次由於新型態威脅以及對美合作的加深，故相隔十年就推出新的防衛大綱。不過，為了實施大綱所規定的內容而進行必要的部隊整備，這點則又是另一個問題。自一九九〇年代以來，政府持續以「效率化」為名縮編自衛隊與刪減預算。而自衛隊是否能應付這些增加的任務？此課題仍留待解決。

二〇〇九年國會選舉結果的政權輪替，內閣由原本自民黨與公明黨的聯合內閣，轉為民主黨、社民黨、國民新黨組成的新聯合內閣。接著二〇一〇年又再次推出新的防衛大綱。這版防衛大綱的特徵，是一方面應對逐漸提升的中國威脅，同時也將嚴重的財政問題納入考量，引進「動態防衛力」這個新概念而非沿襲「基本防衛力」，試圖徹底改變防衛力量。關於「動態防衛力」的內容，在二〇一〇年大綱中以「不會像基本防衛力構想那樣來建構動態防衛力」此一形式做出如下說明。

（動態防衛力）的意思是，在全新的國家安全環境下，為了進一步徹底找出未來防衛力應有的方向性，在不拘泥於一九七六年大綱以來「基本防衛力構想」的思維下建構防衛力。

「不應該拘泥於基本防衛力構想」的考量，是由於該構想的前提環境正大幅度地變化。例如「基本防衛力構想」的背景是東西方對峙的冷戰時期，其重點是放在防衛力

「存在」所帶來的遏止效果。然而在全新的國家安全環境中，當前的重點在於著重防衛力的「運用」並提高遏止力的可靠性。

另外，為了建構動態防衛力，必須在日趨嚴重的財政狀況下謀求結構上的變革。防衛省考慮到若仍以「基本防衛力構想」做為今後的方向並持續主張的話，將容易導致「只要在全國各地部署配有標準裝備的部隊就好」的概念，有可能妨礙整備彈性靈活的防衛力。（《防衛白書二〇一一年版》）

「動態防衛力」的目標是實現重視「運用」的防衛力。為了建構「動態防衛力」，必須「一邊進行更深入的結構改革，且更有效、更主動地運用防衛力」。具體來說就是「從垂直與水平的觀點，謀求在裝備、人員、編制、部署等自衛隊上下全體根本性的效率化與合理化；選擇性地將資源集中在確實有必要的機能上，進行防衛力的結構改革」。二〇大綱如實沿襲了始於冷戰結束後，以「效率化、合理化」為名的組織縮減路線。從第一份大綱到這份主打「動態防衛力」的二〇一〇大綱，防衛省將其中的變遷內容整理於表三。

如以上所示，防衛大綱本身內容是隨著版本變化的，而問題在於用以實現各版大綱所主打之「戰略」的「實力」，也就是說該如何建構防衛力呢？優異的理念若無實力

	1976年大綱	1995年大綱	2004年大綱	2010年大綱
防衛力的角色	災害救援等 防止侵略於未然／應對侵略（獨力應對限定小規模侵略）	對建構更安定的國安環境之貢獻 —維和、國際緊急救助活動 —國安對話、國防交流等 應對大規模災害等各種事態 —大規模自然災害／恐怖攻擊 —周邊事態 本國防衛 —阻止侵略於未然 —應對侵略	自主、積極地致力於改善國際安全環境 —將國際和平合作活動視為本身之任務 —國安對話／國防交流 有效應對新型威脅／多樣化事態 —彈道飛彈 —游擊戰／特種部隊等 —島嶼侵略 —ISR、領海空侵犯、武裝工作船等 —大規模／特殊災害等 做好應對正規侵略事態的準備（確保最基本的部分）	全球安全環境改善 —致力國際和平合作活動 —軍備管制裁軍、能力建構支援 加深亞太地區安全環境之安定 —國防交流／區域內合作 —能力建構支援 有效地遏止／應對 —確保周邊海空域安全 —對島嶼之攻擊 —網路攻擊 —游擊戰／特種部隊 —彈道飛彈 —綜合性事態 —大規模／特殊災害等 ※做好應對正規侵略事態的準備 （面對不確定性高的未來情勢變化，做好必要最小限度的準備）
	【基本防衛力構想】→ ・備妥國防上必要的各種機能，在後方支援體制在內的組織與配置上保有均衡的態勢 ・應對限定並且小規模侵略事態 ・透過災害救援幫助國民之民生安定。	（基本上沿襲） ・不沿用「獨力應對限定的小規模侵略」 ・在「本國防衛」外追加「應對大規模災害等各種事態」以及「對建構更安定的國安環境之貢獻」，做為防衛力的角色。	【多功能富彈性並具備實際效用的防衛力】 （部分承接基本防衛力構想中有效的部分） ・有效地應對新型態威脅和多樣性事態，同時自主、積極地致力於改善國際安全環境。	【動態防衛力】 （不再根據基本防衛力構想） ・可有效遏、應對各種事態，並有能力機動性地進行穩定亞太地區與改善全球安全環境的行動。 ・發展多功能富彈性並具備實際效用的防衛力。

表3　防衛大綱的變遷　　（出處）《防衛白書 2013 年版》

類別			1976 年大綱	1995 年大綱	2004 年大綱	2010 年大綱
陸上自衛隊	滿編編制 常備自衛官編制人數 應急後備自衛官人數		18 萬人	16 萬人 14 萬 5 千人 1 萬 5 千人	15 萬人 5 千人 14 萬 8 千人 7 千人	15 萬人 4 千人 14 萬 7 千人 7 千人
	骨幹部隊	平常（平時）地區配置部隊	12 個師團 2 個混成團	8 個師團 6 個旅團	8 個師團 6 個旅團	8 個師團 6 個旅團
		機動運用部隊	1 個裝甲師團 1 個特科團 1 個空挺團 1 個教導團 1 個直升機團	1 個裝甲師團 1 個空挺團 1 個直升機團	1 個裝甲師團 中央即應集團	中央即應集團 1 個裝甲師團
		地對空飛彈部隊	8 個高射特科群	8 個高射特科群	8 個高射特科群	7 個高射特科群 / 連隊
	主要裝備	戰車 火砲（特科主要裝備）（註 1）	（約 1,200 輛）（註 2） （約 1,000 輛／門）（註 2）	約 900 輛 （約 900 輛／門）	約 600 輛 （約 600 輛／門）	約 400 輛 約 400 輛／門
海上自衛隊	骨幹部隊	護衛艦部隊				4 個護衛隊群（8 個護衛隊）
						4 個護衛隊
		（機動運用	4 個護衛隊群	4 個護衛隊群	4 個護衛隊群（8 個隊）	
		地區部署）	（地方隊）10 個隊	（地方隊）7 個隊	5 個隊	
		潛艦部隊	6 個隊	6 個隊	4 個隊	6 個潛艦隊
		掃雷部隊	2 個掃海隊群	1 個掃海隊群	1 個掃海隊群	1 個掃海隊群
		反潛機部隊	（陸基）16 個隊	（陸基）13 個隊	9 個隊	9 個航空隊
	主要裝備	護衛艦 潛艦 作戰用航空器	約 60 艘 16 艘 約 220 架	約 50 艘 16 艘 約 170 架	約 47 艘 16 艘 約 150 架	約 48 艘 22 艘 約 150 架
航空自衛隊	骨幹部隊	空中警戒管制部隊	28 個警戒群 1 個中隊	8 個警戒群 20 個警戒隊 1 個中隊	8 個警戒群 20 個警戒隊 1 個早期預警隊 （2 個中隊）	4 個警戒群 24 個警戒隊 1 個早期預警隊 （2 個中隊）
		戰鬥機部隊			12 個中隊	12 個中隊
		（攔截戰鬥機部隊	10 個中隊	9 個中隊		
		支援戰鬥機部隊）	3 個中隊	3 個中隊		
		空中偵察部隊	1 個中隊	1 個中隊	1 個中隊	1 個中隊
		空中運輸部隊	3 個中隊	3 個中隊	3 個中隊	3 個中隊
		空中加油・運輸部隊	—	—	1 個中隊	1 個中隊
		地對空飛彈部隊	6 個高射群	6 個高射群	6 個高射群	6 個高射群
	主要裝備	作戰用飛行器 戰鬥機數量	約 430 架 （約 360 架）（註 2）	約 400 架 約 300 架	約 350 架 約 250 架	約 340 架 約 260 架
亦可用於彈道飛彈防衛的主要裝備／骨幹部隊（註 3）		搭載神盾系統的護衛艦	—	—	4 艘	6 艘（註 4）
		空中警戒管制部隊	— —	— —	7 個警戒群 4 個警戒隊	11 個警戒群 / 隊
		地對空飛彈部隊	—	—	3 個高射群	6 個高射群

表 4　從防衛大綱看防衛力的縮小與刪減

（註 1）整理 2004 年為止的「主要特科裝備」時，發現 2010 年大綱刪除了陸基反艦飛彈，改以「火砲」統整。

（註 2）1976 年大綱附錄中並無記載，該數字是和 1995 年以後的大綱附錄比較後的數字。

（註 3）「亦可用於彈道飛彈防衛的主要裝備／骨幹部隊」是取自於海上自衛隊的主要裝備以及航空自衛隊的骨幹部隊數的一部份。

（註 4）關於具備彈道飛彈防衛機能的神盾系統護衛艦，在 2010 年大綱決定，若因彈道飛彈防衛相關技術的發展，或財政狀況而另行決策，則可在上述護衛艦數量範圍內進行其他調整。

（出處）《防衛白書 2013 年版》

相伴則無法實現。但是關於這點就如同表四所示，日本的現況是處於長期間縮小與刪減自衛隊的階段。

做為現在防衛政策以及自衛隊所面臨的課題，請容我在最後一章再探討這個問題。

附帶一說，二〇〇四與二〇一〇年的防衛大綱都認識到「中國威脅」，並提出強化西南諸島防衛力的看法，這點特徵是過去大綱所沒有的。在中國尚未頻繁進出這片由眾多島嶼形成的西南諸島前，多數在此行動的是駐日美軍。另一方面，自衛隊只在沖繩本島部署陸上自衛隊第一混成旅，或是以飛行器為中心的海空自衛隊；而在宮古與八重山地區，僅在宮古島設有航空自衛隊的雷達站而已。[8]由許多四散島嶼組成的地區成了「防衛空白地帶」，因此二〇〇四年的防衛大綱指示強化西南諸島方面的防衛力。即便是政權輪替後二〇一〇年制定的防衛大綱也明訂加強島嶼防衛：「關於那些沒有部署自衛隊，成為空白地區的島嶼部分，除了部署最基本的部隊外，同時也需整備部隊行動時的據點、機動力、運輸力以及具實效的應對能力，以強化島嶼遭受攻擊時的應變力以及確保周圍海空領域等相關能力。」

加強西南諸島防衛力的具體措施，包括擴編陸上自衛隊第一混成團編制，增加約三百人，並改編為第十五旅團；[9]在位於日本最西端且尚無自衛隊基地的與那國島，以部署沿岸監視部隊和航空自衛隊機動式預警雷達做為補強方針，並推進基地之建設。不過，為了因應中國的海洋活動而在沖繩方面進行的防衛力補強，卻發生了冷戰時期從未研究過的重要問題。這點容我在後面章節討論。

漸趨嚴重的領海警備問題

話說日本與中國之間因領土問題而產生了嚴重的對立。最具象徵性的，是發生於二〇一〇年九月七日，在尖閣諸島附近由中國漁船引發的巡視船衝撞事件。在中國也主張所有權的尖閣諸島周邊，時常發生中國漁船非法捕魚事件，海上保安廳也長期於此監視。過去雖也不乏因違法捕魚卻又拒絕保安廳登船臨檢，最後以逃避檢查嫌疑逮捕的事件，但由於這次是故意衝撞兩艘巡視船的惡劣事件，保安廳遂以妨礙公務罪嫌逮捕船長。當時，主管海上保安廳的前原誠司國交大臣，對外表示將以日本的法令為依據嚴正處理。

8 譯註：第53警備隊野原基地。
9 譯註：從一千八百員，提升二千一百員，二〇一〇年三月成軍。

日方的處置引來中方的強烈反彈。中國於八日早上，先透過大使館向外務省抗議；十日，中國外交部長楊潔篪召見日本駐華大使丹羽宇一郎表達抗議，並要求無條件釋放中國船長。接著十一日，中國宣布推遲「東海問題原則共識」的政府間談判。十二日，負責外交的國務委員戴秉國史無前例地於凌晨十二點召見丹羽大使，要求日本做出「聰明的政治判斷」。接著，中國全國人民代表的訪日行程也宣告中止。面對中國接二連三的動作，日本政府因民主黨主席選舉方酣而無法完全應對。十九日，石垣簡易法庭決定延長中國籍船長的羈押，這促使中國採取更進一步的動作。

二十日，中國突然提出中止一千名預定赴上海考察世博日本大學生的訪中行程。二十一日，出席聯合國大會的溫家寶總理，在與美國華僑的會議上發表批判日本的談話；而最令人震驚的，是二十三日，四名日本藤田建築公司員工，以入侵軍事設施並拍攝照片的理由遭到河北省國家安全局逮捕。同一天，中國通告停止出口主要用於節能家電等精密儀器上的稀土。為了讓日本釋放遭延長羈押的船長，以無辜的日本員工做為人質，而禁運稀土也對日本產業界造成傷害，這些都是中國所施加、可說是強硬的巨大壓力。

反觀日本的對策完全是虎頭蛇尾。接到日本員工被當作人質，以及禁運稀土的通知後，那霸地檢署於二十四日保留對中國船長的處分並將之釋放。檢察官在記者會上表示「考慮到對我國國民的影響以及日中關係」，但仍引發外界強烈批判，質疑檢察官因政治因素釋放犯人，背後有政府暗中操控。仙谷由人官房長官雖然不斷聲稱此乃檢察官自己的決定，但國民眼中只有看到政府將責任強行推給檢方。政府似乎認為透過釋放船長就可讓事態好轉，但中國卻仍未釋放藤田員工，稀土禁運也尚未解除。中國還發表了要求日本道歉與賠償的聲明。

日本手中握有衝撞事件現場的影片，面對中國這種態度，只要公開影片就能清楚發現中國漁船的過錯；但政府卻拒絕公開影片的要求。這是顧慮到中國不願意日方公開影片。除了前秘書長小澤一郎之外，民主黨缺乏對中國的溝通管道。面對這種狀況，仙谷官房長官透過中國顧問舊識設法交涉，並派遣細野豪志前代理秘書長做為仙谷的密使派往中國。二十九日，細野與戴秉國國務委員會面，據說戴要求日方不要公開影片。三十日，中國終於釋放了三名藤田員工。

事實上，中國強硬的態度也對國際社會造成強烈的衝擊。積極投資中國的歐洲企業開始擔心「中國風險」。中國國內也發生了反日遊行，中國政府為了管理國內問題也不得不以強硬的態度面對日本。不過，為了今後的經濟關係，估計中國也必須停手，並且正在尋找適當時機。十月四日，菅直人首相為了參加亞歐會議（ASEM）訪問布魯塞爾，並與溫家寶總理進行了短暫的會談。雙方確認了彼此的戰略互惠關係、並就定期舉行日中高層協議與重新推動各種民間交流上達成共識，但在尖閣問題上雙方仍是平行線。九日，最後一位藤田員工終於獲釋。

這一連串的事態中，不僅是日本對中國的觀感產生了決定性的惡化，對於中國攻勢毫無招架之力的政府，國民的失望也跟著擴大。值此之際，美國政府在態度上明確表示尖閣列島為日本固有領土，屬於安保條約的適用範圍。不諳於外交的民主黨菅內閣並無法有效地利用美方的態度，在處理衝撞影片問題上更是生澀。政府雖然顧慮到中國而決定不公開影片，但由於國會預算委員會提出觀看影片的要求，以做為審查預算修正案的條件，十一月一日，政府同意只對預算委員會理事公開經過編修的影片。不過在這之後的十一月五日，一位自稱「Sengoku 38」的網路使用者將疑似未經過剪輯的衝撞影片上傳到YouTube。最後證明這些影片為真，隨後也查明上傳影片之人為海上保安官。政府以違反保密義務為由批判該保安官並將其函送檢方，但最後獲不起訴處分。在這件事中，政府也再次於幕後影響檢方的判決。

民主黨執政下的外交問題不只有中國。俄羅斯總統梅德維傑夫曾訪問日本北方領土的國後島，其目的在於凸顯其對北方領土的實質支配。包括舊蘇聯時代在內，這是俄羅斯最高層第一次前往北方領土。事前日本政府雖然提出中止訪問的要求，但完全被俄羅斯忽略。屢次發生的俄軍進犯領空以及中國海洋調查，很明顯是日美關係不穩定而導致兩國的這些行動。

對於這種狀況完全束手無策的政府，國民不可能寄予信賴。於內閣改組時攀升至百分之六十五的支持率，在尖閣等問題發生後下跌到百分之四十八與百分之三十一；衝撞影片流出後更跌到百分之二十五（NHK 放送文化研究所，《每月政治意識例行調查》）。這種支持率有如航行在危險海域一般，哪天被倒閣亦不足為奇。許多國民因而在這次在事件中，體驗到什麼是政治上的處置失當所招致的外交危機。

巨大災害與自衛隊

二〇一一年三月十一日下午二點四十六分，發生震央位在三陸海面、芮氏規模九．〇的巨大地震。從太平洋沿岸到關東地區天搖地動，有些沿海地區甚至遭受最高達四十公尺的海嘯襲擊。海嘯越過或摧毀防波堤，吞噬內陸的建築物、人與車輛，受災程度超乎想像。而且，位於福島縣的東京電力福島第一發電廠，其用於驅動緊急冷卻裝置的必要電力設備因海嘯而損毀。地震、海嘯與核能事故同時發生，這是前所未見的危機事件。

菅內閣雖處於即將瓦解的狀態，但因發生巨大地震與海嘯，國會自動進入休會期，朝野雙方「休戰」以處理巨大災害。政府成立「緊急災害對策本部」，同時依據《原能災害對策特別措施法》發布核能緊急事態宣言。菅直人內閣迫於處理震災、重建復興甚至是核電廠事故。自衛隊也不分日夜地展開救災工作。

陸上自衛隊以當面受災的東北方面總監為主，在可能的範圍內召集全國的部隊與人員。此時期和中國在尖閣群島的對立漸增，無法削減西南諸島的防衛力，北韓的動向也不明朗。冷戰結束之後，自衛隊兵員縮編一直以陸上自衛隊為主。要在人員大幅縮減的環境下盡可能地召集部隊，可說是相當艱難。動員至今為止最大規模的十萬人實施救災工作，隊員們也奮不顧身地行動，這無疑提高了國民對自衛隊的評價。不只陸上自衛隊，海上自衛隊與航空自衛隊也支援人員、物資運送。為了處理巨大災害而非應對「有事」，自衛隊進行了正式的「統合運用」。

另外，此時不僅要救助地震與海嘯的災民，也需處理核電廠事故這個重大問題。因此，面對爐心熔毀危機的反應爐，自衛隊不得不挺身進行冷卻作業。他們派出直升機向反應爐投入冷卻水等，每當必須進行可能有生命危險的工作時，政府對自衛隊的請求也會增加。據說，其中有些要求甚至沒有考量到隊員的人身安全。也許我們會輕易地認為，因為是想定以外的事件，所以不得不如此。但所謂國家緊急事態，本來就會以無法預測的形式、在無法預知的時間發生。這次應變不足，可說是暴露出戰後日本長期生活在「安全神話」下的負面影響。

災民們有秩序的行動受到世界讚揚；媒體連日報導救災行動，讓投入十萬人救助災民與支援救災的自衛隊，以及其他消防、警察人員與地方自治體員工亦獲讚譽。美國展開「友達作戰」（Operation Tomodachi），大規模動員駐日美軍支援日本；日本上下對來自世界各地廣大的支援表示感謝。不過，最重要的，也就是日本政府的應變能力，各界對其反應遲鈍、無法即時推出必要對策大加撻伐。美國也毫不隱晦地對遲遲無法獲得核電事故的情資一事顯露焦躁不滿。美軍與自衛隊在第一線的合作體制雖仍存在，但政權輪替後政府層級的溝通卻因這次地震受到嚴重的傷害。

三、國家安全政策的轉變

「國家安全保證戰略」的制訂

二〇一二年十二月，民主黨於國會選舉中敗北，自民黨與公明黨的聯合內閣再度成立，即第二次安倍晉三內閣。在安倍內閣下，戰後日本的防衛政策正處於巨大變化之中。其變化有三：第一，設立國家安全政策的指揮核心「國家安全保障會議」（NSC），以及專門計畫和立案與國家安全有關的外交、國防政策之基本方針、重要事項，並協助國家安全保障會議的「國家安全保障局」；第二，制定「國家安全保障戰略」取代沿用至今的「國防基本方針」；第三，轉於同意行使集體自衛權。

先談論第一點。「國家安全保障會議」是以美國的「國家安全會議」為原型，將防衛廳成立後設置的國防會議，以及其後繼的安全保障會議改組而成的。原本第一次安倍內閣時期（二〇〇六年九月二十六日至二〇〇七年九月二十六日）就有對此進行討論，但最終沒有結果，因而於第二次安倍內閣（二〇一二年十二月二十六日起）得以實現。輔助國家安全保障會議的「國家安全保障局」，以前外務次官谷內正太郎為首任局長；至於保障局局次長——地位相當於內閣官房副長官助理、等同於次官級職位，也從外務省與防衛省各派一員就任。關於國家安全保障會議以及國家安全保障局，由於成立時間尚短，若要以這本只撰寫自衛隊「史」的書來加以評價，實屬過早。但在此要提出的是，無論設立如何完善的組織，一旦首相或局長等相關人士有所變動，則其功能也有可能發生變化。如同後藤田正晴官房長官時期充分發揮功能的內閣五室（內閣安全保障暨危機管理室、內政審議室、外政審議室、內閣情報調查室及內閣公關室），因首相或官房長官的嬗遞導致職掌內容產生差異。

接下來，我們來看國家安全保障戰略以及以該戰略為基礎所制訂的新防衛大綱。如前所述，二〇〇九年政黨輪替後，民主黨於二〇一〇年制訂該政權版本的防衛大綱。原本防衛大綱應以五年為間隔進行修正，但因二〇一二年再度遇上政權輪替，這次由自民與公明黨的聯合政權於二〇一三年十二月制訂新防衛大綱。這次防衛大綱的制訂與過去最大的差異，是同時制定了層級在防衛大綱之上的「國家安全保障戰略」。因此，我們先討論國家安全保障的內容。

至今為止，日本都不曾有個明確的國家安全保障戰略。美國則有「國家安全戰略」，並以此為基礎去制訂軍事戰略或外交戰略，再以軍事戰略更進一步地制訂作戰計畫等，如此按照階層來制訂戰略，並定期修正。不只是美國，澳洲、英國、韓國等國家也制訂此類國家安全戰略，在日本也有許多論者主張制訂類似計畫的必要性。而日本最終也完成了自己的國家安全戰略。事實上，日本所推出的各版防衛大綱一直是國家安全保障戰略的替代品。防衛大綱原本是用以描述防衛力整備的文件，雖然在「軍事戰略」領域自然會提及對國際情勢的認識做為防衛力整備的前提，以及要建構什麼樣的防衛力，但其並非闡述整體國家安全政策的文件。由於日本缺乏原本應有的國家戰略，故由防衛大綱負起了這項任務的部分功能。

那麼，從佔領到獨立經過六十年以上歲月後終於得以實現的國家安全保障戰略（以下稱「安保戰略」），其內容究竟為何呢？彙整成三十二頁的國家安全保障戰略之特徵，基本上是沿襲一九九〇年代以後防衛大綱的內容，同時又提倡「基於國際協調主義的積極和平主義」。若再次借用本書第四章介紹到的渡邊昭夫說法，該戰略便是試圖強化「國際安全保障貢獻流派」。以下依次來看。

以「大約十年的期間」為想法所制訂的「安保戰略」，描繪了日本過去到現在的安全保障戰略輪廓，並闡述其做為和平國家一路走來「貫徹專守防衛，不成為帶給他國威脅的軍事大國，堅持嚴守非核三原則基本方針」，獲得國際的高度評價。並且提到「對此必須更加堅定不移」，訴諸身為「和平國家」立場的普遍性。以此為基礎後，我們再看，由於「目前，我國周圍的安全環境較以往更加嚴厲，面臨著複雜且重大的國家安全課題」，是故主張「從國際協調主義的觀點來看，更加積極的應對亦是不可或缺」。接著提倡「從國際協調主義為基礎的積極和平主義觀點來看，在實現我國的安全以及亞太地區的和平與安定的同時，也要積極地為確保國際社會的和平、繁榮與安定做出貢獻。這才是我國應揭櫫的國家安全政策之基本理念」，積極地參與國際和平。「積極和平主義」這個用語，做為安倍內閣國家安全政策的中心概念頻繁地出現。雖然沒有對其明確的說明，但可將其理解為「通過各種日本可以使用的手段，參與有關國際和平的事務」。

在這種基本理念下所揭示的「國家安全保障戰略」目標，有以下三點：

第一，「為了維持我國的和平與安全並保全其存續，需強化必要之遏止力、防止對我國的直接威脅；同時，萬一威脅出現時，要能將其排除並將傷害減至最低。」

第二，「強化日美同盟、區域內外伙伴的信賴、合作關係，推動實際的國家間安全合作來改善亞太地區的區域安全環境，並且預防、減低對我國的直接威脅。」

第三，「透過不間斷的外交努力和更進一步的人力貢獻，強化以普世的價值、原則為基礎的國際秩序；於紛爭中扮演主導性角色，改善全球的安全環境，建構和平、安定與繁榮的國際社會。」

以上三點目標的第一點，即是日本本身的防衛力整備。第二點為日美同盟以及以日美同盟為中心的相關各國之間的合作，即是二〇一五年四月日美推出的新《日美防衛合作指針》，甚至是目前東南亞各國與澳洲舉行的海洋安保合作。第三點為「多元安全保障論」以來的思維。上述「安保戰略」的三點目標可視為以不同的說法重新宣言一九九〇年代之後，防衛大綱所論述的課題。這就是我前面為什麼會說安保戰略是「基本上沿襲一九九〇年代以後防衛大綱的內容」的理由。

對中國的認識

論述完三個目標後，「安保戰略」接著闡述「日本周圍的安全環境與國家安全課題」。這邊以「全球安全環境與課題」、「亞太安全環境與課題」兩個子題分做論述，而其對中國的警戒觀點甚為人關注。安保戰略對中國有如下的記述：

我們期待中國在遵守與共享國際規範的同時，能在區域或全球課題中扮演更積極、協調性的角色。另一方面，以持續升高且欠缺透明性的國防經費成長率為背景，中國正廣泛並急速地強化軍事力。加上中國在東海、南海等海空域內，以自己獨自、與現有國際法秩序不相容的主張為基礎，展現其試圖憑藉自身力量改變現狀的應對方式。特別是中國急速擴大、加速在我國周邊海空域——主要是入侵尖閣諸島附近的領海與領空——的活動，同時自行設定東海「防空識別區」，企圖妨礙公海上空飛航自由的舉動。

這些中國對外態度、軍事動向，搭配其欠缺透明的軍事與國家安全政策，成為了包含日本在內的國際社會所擔憂的事項，是故有必要慎重並持續觀察中國的動向。

安保戰略一方面採取上述帶有戒心的看法，另一方面又為了避免日中雙方的對立擴大成軍事衝突，而於後半敘述了以下的方法：

我國與中國之間安定的關係，是亞太地區和平與安定不可或缺的要素。從大局且中長期的立場來看，日中兩國要在政治、經濟、金融、安全政策、文化、人員交流等所有領域中建構「戰略互惠關係」，並致力強化之。特別是，持續敦促中國為地區的和平、安定與繁榮扮演起負責任並具有建設性的角色，遵守國際行動規範，並就其急速增加的國防費用所支撐的軍事力強化，增加開放性與透明性。做為建構戰略互惠關係的一部份，我方要透過持續與促進國防交流，謀求增加中國軍事與國家安全政策之透明性，同時推動包含避免、防止意外事態在內的框架之建構。另外，關於中國以獨自的主張為基礎，於包含我國在內的周邊各國間，展現其試圖以自身力量改變現狀的應對方式，我國不會促使事態升高，將一方面要求中國自制，同時以冷靜與毅然的態度應對。

不只是「安保戰略」，後面將提到的《防衛大綱》也屢屢提及中國；比起冷戰時代防衛白皮書中對蘇聯的記述，這是更深入的書寫方式。由於冷戰時代採取名義上「無假想敵」的態度，有關蘇聯的記述，大抵始終都在陳述事實。不過，在「安保戰略」中提及了中國的行動乃是違反國際法，以及帶給包括日本在內的周邊各國「威脅」之可能性。因此可以清楚地理解到，現今中國的行動對日本來說正是國家安全上的最大問題，亦是「安保戰略」最重要的課題。

目前，中國的行動帶給周邊各國威脅此一情勢，實乃不爭的事實。針對南沙、西沙諸島的所有權，中國頻繁地與東南亞各國發生紛爭。對於實質統治的島嶼，中國加速填海造地，建設大型飛機跑道。中國雖以越南、菲律賓也在島上建設跑道為由，但其建設的跑道規模卻非他國所能及。[10]甚至，中國也在島上建設軍事設施。中國在南海主張所有權的領域（九段線）本就不具國際法上的說服力。這樣的主張當然會與周邊國家產生緊張摩擦。

另外，二〇一四年中國設定的「防空識別圈」亦是如此，其主張宛如在處理自國領空一般。而其與自衛隊之間也發生了雷達照射與戰機異常接近等問題。從南海到東海，中國試圖擴大其影響力的區域也是相關各國視為海上交通線的重要海域。這些地帶宛如全球公共財的一種，應由各國共同守護並維持秩序。日本試圖加強與東南亞各國的合作，其理由也在於此。

「安保政策」與現實

那些在「安保戰略」中所提出的政策要如何具體化呢？或者說，要對應到何種程度的「現實」呢？例如，「安保戰略」中提及了包括強化情報能力和國防裝備、技術合作問題等多種課題。而安倍內閣所推行的政策，如制定《特定秘密保護法》與放寬武器輸出三原則等，都是用以應對「安保戰略」中所提之課題。政府試圖實現提出之政策，這本就是理所當然的事情；若不這樣做，則「安保戰略」也會如過去海原治所批判的那樣，成為「壯麗的空中樓閣」。不過，以「安保戰略」的情況來說，政策之實現固然重要，但問題在於政策的實踐過程與具體化所帶來的影響與結果。實際上，我們能從《特定秘密保護法》的制訂順序、秘密情資的揭露方法等問題中，看到政府在制定政策時的

10 譯註：中國於永暑礁建設的機場跑道長達三千公尺，可起降大型運輸機、轟炸機與預警機。

粗糙手法。而且，在檢視過「安保戰略」揭示的內容後，也能發現幾個重要問題。

例如在「建構徹底保衛我國的綜合防衛體制」此一項目中寫到：「包括彈道飛彈防禦以及國民保護，將以我國自身的努力來適當地處理」。將飛彈對準日本的國家為北韓與中國，若考量到這兩國擁有的飛彈數量，很明顯地日本目前的飛彈防衛能力相當有限。另外關於國民保護，如前面所提，很多自治體制訂的「國民保護計畫」根本缺乏可行性；日本的《國民保護法》本身就存在許多問題。「適當地處理」這個詞彙是常見的官僚用語，缺乏具體對策。這次制訂的《安保法制》中，有關國民保護方面也宣稱「準備完畢」並推行各種政策。這些明顯地都與第一線的實情有落差。

在「加強保全自國領域的相關作為」項目中提到：「積極致力於保全、管理與振興國境離島，同時從國家安全觀點努力掌握國境離島、防衛設施周邊的土地所有權，並研究應有的土地利用方式」。日本這個島國是以許多有人、無人的島嶼構成，文中所說的保全「國境離島」，乃是重要的課題。

可是事實上，政府至今為止都並沒有積極地保全與振興離島。雖然政府因日中之間的摩擦而提倡強化西南諸島的防衛力，並在沖繩推動建設新基地與據點；也決定在日本最西端的國境離島——與那國島上設立陸自沿岸監視部隊與推動基地建設。但是，政府完全不認可原本與那國島所要求的，透過與台灣交流來提振經濟的方法，反而順著部分島民想透過建設自衛隊基地來提振經濟的主張推動基地建設，造成與那國島內部分裂為兩派，使得以濃厚地緣與血緣關係組成的地方社群陷入混亂。與那國島的問題與現在熱門的「離島防衛」問題有著密切的關聯，而這卻是一個以便宜行事為目的卻導致反效果的案例。

新《防衛大綱》的制訂

以上述內容為基礎，新《防衛大綱》於二〇一三年制訂。新大綱的內容與作為藍本的「安保戰略」多所重複，但在國防政策方面有更詳細的記述。在此將檢視其重要部分。

首先，日本至今為止的防衛力曾被設定為「基本防衛力」、「多功能彈性防衛力」以及「動態防衛力」，而新大綱則將目標設為「建構統合機動防衛力」。關於防衛力，新大綱定義為「代表我國之意志與能力，國家安全的最終擔保，防止對我國的直接威脅於未然，若威脅已至則將之排除」。接著論及在日本周圍安全環境日趨嚴峻的情況下，應具有的防衛力方面：「關於今後的防衛力，有必要以安全環境的變化為基礎，將應該特別重視的功能、能力謀求整體性最適化；同時透過統合運用多種行動，對各種狀況臨機應變，使防衛力能具備機動運用的實際效用。為此，要一邊留意廣大後勤基礎之確立，同時建構統合機動防衛力——這種防衛力以高度技術力與情報、指揮通信為根本，在軟硬體兩方面重視快速反應、持續性、韌性以及整合性。」

在上述基本方針下，新大綱陳述了積極推動各種努力，以強化日美同盟與改善全球安全環境的主旨。然後要求有效地遏止與應付以「灰色地帶行為」為首的各種事態，如「確保周邊海空域之安全」、「島嶼遭受攻擊時之應對」、「彈道飛彈攻擊之應對」、「宇宙與虛擬網路空間之應對」以及「大規模災害之應對」等。

在相當於自衛隊體制整備的基本思維方面，「為了能夠找出應予以特別重視的功能與能力，從統合運用的觀點，就各種想定的事態來實施能力評估」，以此為基礎「要在各種事態中實現具實效性的遏止與處置，其前提是海空優勢之確保；為此要優先針對海空兩方面建構防衛力，一邊留意廣大後勤基礎之確立，同時重視機動部署能力之建構」。新大綱明確定義日本為「海洋國家」，此方針在應對「中國威脅」上可謂妥當。

不過，在這些涉及多方面的內容中，「發揮防衛力的基礎」雖舉出十一條事項，但其中「與地區社群的合作」這條項目是有問題的。自衛隊為了和基地所在的自治體保持順暢關係而不斷努力至今，正因為與基地所在自治體的良好關係實為重要，這條項目才會被置於新大綱中。新大綱對此的記述如下：

依據地方的不同，自衛隊部隊的存在為地區社群的維持與發展做出貢獻；如自衛隊以救災機運送緊急病患，協助地區醫療。以上述情況為基礎，在重編部隊或建設營區時，要能獲得地方公共團體或當地居民的理解，並顧及地方的特性。同時，在管理營區與基地等設施時，要將當地經濟發展納入考量。（底線為作者所加）

但是，前述的與那國島等例子顯示，那些未曾考量地方情況的政策進而導致了地方分裂。在北海道等大規模接受基地進駐的地區，或從戰前就有基地存在的自治體，他們與自衛隊的關係大致良好。不過，要在沖繩那樣曾經是戰場，對軍事基地相關事務懷有複雜情感的地區新建基地，絕非易事。大綱的記述已經成為單純的「作文」，這種情況著實令人感到相當遺憾。

順帶一提，如同前述，冷戰結束後自衛隊的任務不斷增加，預算與組織規模卻逐漸縮減；但在新大綱以及以新大綱為基礎制訂的「中期防衛力整備計畫」中，自衛隊的組織規模卻有了些許的擴大（參考表五）。雖然在嚴苛的財政狀況下難以大幅增加預算，但若從規模與任務的觀點來看自衛隊，其組織大小似乎也來到了極限。

變更「集體自衛權」解釋的意義

最後，是關於第三點集體自衛權的問題。安倍內閣變更對集體自衛權的解釋，也就是將過去內閣法制局的解釋「從國際法來看，日本雖擁有集體自衛權，但因憲法故而無法行使」，改為「可有限度地行使」。變更解釋和安倍內閣正在推行的《安保法制》有著密切的關聯，但另一方面，這種變更並沒有獲得多數國民的理解。「變更集體自衛權的解釋是『違反憲法』，並抵觸了『立憲主義』」、「反民主安倍內閣的這種手法（例如強行表決），是不為民主主義國家所容許的」等批判之聲，也在一般民眾間流傳。音樂家、演員、影視藝人等，尤其日本的演藝界平時雖較少政治性發言，但這些人也拉高分貝批判，此為相當罕見的現象。安倍首相在反對修正安保的遊行群眾包圍國會時，也許會把自己與祖父岸信介的身影重疊在一起吧。

那麼，該如何思考安倍內閣推動的「變更集體自衛權的解釋」呢？當時正如火如荼展開的《安保法制》立法作業，在安倍內閣推行的一連串國家安全政策改革中佔有重要地位。《安保法制》的內容是試圖把「安保戰略」提出的事項予以立法，而且也與

			現有規模（2013 年度末）	未來
陸上自衛隊	滿編編制 常備自衛官編制人數 應急預備自衛官人數		約 15 萬 9 千人 約 15 萬 1 千人 約 8 千人	約 15 萬 9 千人 約 15 萬 1 千人 8 千人
	骨幹部隊	機動運用部隊	中央即應集團 1 個裝甲師團	3 個機動師團 4 個機動旅團 1 個裝甲師團 1 個空挺團 1 個兩棲機動團 1 個直昇機團
		地區配置部隊	8 個師團 6 個旅團	5 個師團 2 個旅團
		陸基反艦飛彈部隊	5 個地對艦飛彈連隊	5 個地對艦飛彈連隊
		地對空飛彈部隊	8 個高射特科群 / 連隊	7 個高射特科群 / 連隊
海上自衛隊	骨幹部隊	護衛艦部隊 潛艦部隊 掃雷部隊 反潛機部隊	4 個護衛隊群（8 個護衛隊） 5 個護衛隊 5 個潛艦隊 1 個掃海隊群 9 個航空隊	4 個護衛隊群（8 個護衛隊） 6 個護衛隊 6 個潛艦隊 1 個掃海隊群 9 個航空隊
	主要裝備	護衛艦 （神盾護衛艦） 潛艦 作戰用航空器	47 艘 （6 艘） 16 艘 約 170 架	54 艘 （8 艘） 22 艘 約 170 架
航空自衛隊	骨幹部隊	航空警戒管制部隊 戰鬥機部隊 航空偵察部隊 航空加油 / 運輸部隊 航空運輸部隊 地對空飛彈部隊	8 個警戒群 20 個警戒隊 1 個早期預警隊（2 個中隊） 12 個中隊 1 個中隊 1 個中隊 3 個中隊 6 個高射群	28 個警戒隊 1 個早期預警隊（3 個中隊） 13 個中隊 — 2 個中隊 3 個中隊 6 個高射群
	主要裝備	作戰用航空器 戰鬥機數量	約 340 架 約 260 架	約 360 架 約 280 架

表 5　2014 年大綱附錄

（註 1）戰車與火砲的現有（2013 年度末編制）規模各約 700 輛、600 輛 / 門，未來的規模為各約 300 輛、300 輛 / 門。

（註 2）關於可用於彈道飛彈防禦的主要裝備 / 骨幹部隊，將在上表的護衛艦（神盾護衛艦）、空中預警管制部隊以及地對空飛彈部隊的範圍內進行整備。

其他各種法案、政策互有關聯；例如已經立法通過的《秘密保護法》與「防衛省改革案」——連那些一味關注集體自衛權問題的媒體也鮮少提及此案。但是如同外界所指謫的，將這麼廣泛、橫跨十部法案的修正案集中成一案審理的作法，若本身非學有專精人士則可能難以理解。另一個問題是，防衛大臣或首相於國會答詢時那種稍嫌粗魯的態度。建構《安保法制》之際，雖明顯是以中國做為主要的考量，但因顧慮到外交層面而於答詢時盡量不提及中國，這也使得民眾難以瞭解法制的內容。自衛隊的活動一旦擴大，其相應的風險明顯也會隨之增高，但政府否認這層風險的發言，使得國民認為政府的態度就是不打算告知真相。法制的內容愈是重要，就愈有必要深化國民的理解，但很遺憾地結果並非如此。

最初在締結日美安保條約之際，集體自衛權本是為日方所利用。也就是說，由於保有集體自衛權，因而可讓美國守護日本安全；日本是在這層意義上行使集體自衛權的，而且安保條約也有載明此點。現在有很多人與媒體的理解是「完全不能行使集體自衛權」，但在舊安保條約前言中卻有寫著「行使」集體自衛權兩個字。由於集體自衛權並不僅只代表「海外派兵」，故在日美安保這層意義上，是可有限度地行使集體自衛權，岸首相與林法制局長官在審查新安保條約的國會答詢中也曾做過以上述為主旨的發言。一般人開始認為日本「完全無法行使集體自衛權」的觀點，是在目前內閣法制局所做的解釋成為慣例之後。此一內閣法制局的解釋出自於戰後和平主義思潮、自衛隊尚無法於海外活動的時期，故而大概是當時國會攻防的一種應對對策。

問題在於，對集體自衛權的解釋擴大後，自衛隊於海外使用武器的問題全都被當成集體自衛權相關議題。原本應以聯合國的「集體安全」來思考的事情，卻因而成為「集體自衛權」相關議題。憲法制定當初就存在著「積極協助聯合國」思維，而集體自衛權問題無疑地替其上了枷鎖。

剛剛已討論過，日本早已「有限度」地行使集體自衛權。在目前眾人爭論中的變更解釋問題上，根本的問題是要將這個「有限度」的範圍擴大到何種程度。雖然有主張認為應可全面行使之，但一般咸認，應去好好思考如何活用日本身為「和平國家」所累積的經驗。這點我將在最後一章討論。無論如何，「集體自衛權」與「集體安全」之間有何不同？日本又如何個別處理這兩個問題？也許有再重新討論之必要。

這次對集體自衛權變更解釋之際，有人對日本將會被捲入美國的戰爭一事產生了疑慮。《安保法制》其實就是為了將二〇一五年四月新《指針》的內容予以法制化。由於新《指針》意在加強日美安全合作，會有這種疑慮也非難以想像。不只是二〇〇三年出兵伊拉克，每當美國發動的各種戰爭被搬上檯面討論時，就會有聲音質疑日本是否也會參加這類波及一般市民的戰爭。就算其影響力已不如以往，戰後和平主義在日本至今仍是具說服力的主張。

「同盟關係」的兩個面向已廣為人所知，稱為「同盟困境」。其意是，若草率處理同盟關係或輕忽同盟國的意見時，則同盟關係最終將徒具形式，或是有可能「成為棄子」。另一方面，若無條件聽從同盟國的意見，也有可能捲入盟國發動的戰爭。一旦結成了同盟，就必須不停地在這兩方面上預做考量。當今安倍內閣的態度，是為了不被同盟國捨棄而追隨其意見。這種重視「不成為棄子」的策略，是基於中國威脅所做出的選擇；另一方面，對安倍內閣的批判則是基於「被捲入戰爭」的思維。越戰時期也有「被捲入戰爭」的批判，但既然與美國結盟，就勢必會有這個問題。最重要的是，由國民自己選出的政府，能否做出聰明的政策判斷，避免國民被捲入非其企盼的戰爭之中。這也是國民自己能否信賴自己國家的民主主義的問題。

說到這裡，我們應該先來思考「行使集體自衛權」與「摸索平等性」這兩個不常被討論的問題。如同我不斷闡述的，日美安保體制這個日本國家安全政策的根本，其基本性質為「基地與軍隊的交換」。這點在一九五一年的舊安保條約或六〇年的新安保條約都未曾改變。其意義是，日本有事之際由美國來防衛，日本無須在美國有事之際予以協防，而日方則提供基地做為美國防衛日本的代價。那麼，「這種交換關係真的是相互平等嗎？」，日美安保體制自成立起，就緊緊地被這個問題所伴隨。有人認為，日本提供基地對美國來說相當重要，且有益於美國的戰略，因而具有平等性。但若換個說法：「一國承諾為了另一國而『讓本國青年流血』，另一國則提供土地作為代價。」那麼就不能簡單地認為這種交換是具有平等性了。無論怎麼看，日美兩國關係都處在不平衡的狀態，因此一般也認為日本是甘於提供高額的「共情預算」並安處在不平等的《日美地位協定》之中。[11]

不過，與其他盟國一樣，日本若也可以行使集體自衛權的話，將能大幅降低現今兩國關係的不平等性。若真如此，則應修訂象徵日美兩國不平等關係的《日美地位協定》，並進一步縮減「共情預算」。另外，有了集體自衛權的日本在面對沖繩問題時，

11 譯註：日語「思いやり予算」，或可稱為同理心預算。一九七八年，日本政府開始負擔駐日美軍基地日籍從業人員的部分薪水。由於這筆支出超出《日美地位協定》規定之外，缺乏法源根據，當時的防衛廳長官金丸信在面對在野黨的質詢時回答：「我們應以同理心（思いやり）來處理」。此後人們就以「思いやり予算」來稱呼這筆費用。另外亦有「同情預算」的譯法，但同情心與同理心（共情）在使用上仍有些為差距，故採用共情一詞。

就不應只聽從美方強勢的意見。而所有涉及日美關係的問題，也該重新討論。也有主張說一旦能夠擁有集體自衛權，則「日本政府只會唯唯諾諾地追隨美國的意見」的批判也就不復存在了。集體自衛權與日本應成為「普通國家」的看法也有關聯，是日本這個國家要有的何種型態的問題，也是時候該認真討論的課題。

終章

邁向嶄新的國家安全體制

本書以四個觀點檢視了自衛隊、以及戰後日本防衛政策的歷史。這四個觀點是：（一）自衛隊與戰後和平主義的關係；（二）日美安保體制與自衛隊的關係；（三）日本的政治與軍事關係（軍文關係）；（四）防衛政策的內容與實情。就這四個觀點，我們能從過去探討過的歷史當中看出什麼端倪呢？在最終章內，我將對此做一番歸納。

如何看待戰後和平主義？

如同我在前面章節所述，戰後日本的和平主義有個很大的特徵是以「非軍事」或「反軍事」做為基軸。關於如何活用明文規定放棄戰爭與不保有軍隊的憲法理念，雖有從各種觀點進行的討論，但戰後五五年體制下，主要由在野黨革新勢力所主張的思維佔有優勢，戰後和平主義因此形成。戰後和平主義以當年慘烈的戰爭為背景而誕生，其形成時期幾乎正好和五五年體制成立同時。只不過，像日本這樣極端的「非軍事、反軍事和平主義」能深植於廣大國民之中，實為罕見之例。

所謂的和平究竟是什麼？國際社會中大致可分為理想主義與現實主義兩種立場。若從理想主義來看和平，可以舉出如「和平研究」所主張的「積極和平」（Positive Peace）思維。這種和平狀態不僅是要消弭所有戰爭，還要去除飢餓或貧困等「結構性暴力」（Structural Violence）。另一方面，在現實主義的看法中，和平就是不處於戰爭的狀態。飢餓與貧困雖然是應該消除的課題，但卻非容易實現之事。要打造沒有戰爭的狀態本身已是艱難，故本應以消弭戰爭為首要目標。

「積極和平」與安倍內閣提倡的「積極和平主義」，雖相似但內容卻相異。「積極和平主義」是以現實主義的觀點，要日本盡可能地活用自身力量替國際社會做出貢獻，以求消弭戰爭。和平研究的「積極和平」確實具有理想性，但如何達到這種理想狀態，其方法尚未有定論。若站在「積極和平」的立場，軍事力量確實無用武之地，但遺憾的是這與國際社會的現實有所落差。「積極和平」立意雖美，但似乎過於理想化了。它之所以無法成為歐美國際政治學的主流，就在於其與現實的背離。

另外，五五年體制雖然反映出冷戰的國際結構，但在野黨與革新勢力批判日美安保體制與自衛隊的理論基礎，乃是戰後和平主義。戰後和平主義傾力設法束縛自衛隊，如同《有事法制》所象徵的，該主義制約了日本建構具實效性的國防體制。

那麼，戰後和平主義全然是負面的嗎？對此或有必要稍加驗證。但若從國家安全政策角度來看，其負面影響甚大。而且就積極替聯合國和平行動做出貢獻的想法來看，由於戰後和平主義徹底排斥軍事，不允許自衛隊從事海外活動，無疑地成為了日本支援聯合國時的束縛。其象徵是一九九〇年日本對波灣危機的反應：一旦國際間決定邁入軍事制裁階段後，全國上下的討論就立刻陷入混亂。

另一方面，也有看法認為戰後和平主義在塑造戰後日本國家樣貌或國家形象上，應給予高度評價。也就是說戰後和平主義擴大了「日本＝和平國家」這個形象。

在國際社會中，存有權力、價值與利益這些要素。在國家安全方面，傳統的「權力」佔有重要地位。雖然，全球化的發展讓各國互賴加深，國際社會中的行為者多樣化與國際法的進步使得制度化高度發展，國際社會因此有了極大的變化；但即使如此，權力，或者說軍事力仍是最為重要之因素。

但是，複雜互賴等狀況可使得國家之間不易產生紛爭，這也是不爭的事實；而國家形象，也就是所謂的「軟實力」在推行外交政策時，的確發揮了很大的功用。許多在紛爭現場活動的聯合國、非政府組織相關人士指出，日本「和平國家」的形象在中東等地有著極高評價。如何珍惜戰後七十年來累積的「和平國家」形象，或許也是今後重要課題吧。在不傷害「和平國家」的形象下，如何以自衛隊支援聯合國，甚至是促進往後將有更大發展空間的東南亞各國與澳洲之間的防衛合作，這或許才是最重要的研究課題。

持續向前的日美防衛合作

不消說，日本國家安全保障政策的主軸為日美安保體制。舊安保條約締結於一九五一年，就算從一九六〇年新安保條約算起至二〇一五年為止也有五十五年。從過去的日英同盟只有二十年期間來看，便可知曉日美同盟是如何地悠久。戰後日本可置身於國際紛爭的漩渦之外並向經濟發展邁進，應視為日美安保體制的功勞。

不過，日美安保體制的基本性質「基地與國防（軍隊）的交換」，確實也帶來了各種問題。當時廣大的駐日美軍基地刺激了包括本島在內的反美民族主義的高漲。往後，因日本本島美軍基地的重整、縮小，大幅減少了本島的反美民族主義。但是本島負擔的減少，卻殃及到沖繩，使得沖繩背負著過多的基地負擔。早已忘卻過去美軍基地問題的本島居民，無法完全理解沖繩的「痛」，而沖繩這邊則將這種歧視視為一大問題而發出不平之鳴。本島居民應理解，「基地與國防（軍隊）的交換」乃日美安保條約的基本性質，在沖繩這個集中了駐日美軍設施百分之七十四（目前）的地方，若反美軍基地運動高漲，日美安保的基礎也會因此而動搖。戰後長期持續的五五年體制，是一種將國家安全重要部分委由美國處理，國民與政治人物則專心於國內問題的政治體制。因而，許多國民與政治人物都忘記了國家安全是國家與全體國民的課題。若日美安保體制對日本的國家安全政策實屬必要，那也需以國家與全體國民的角度來思考駐日美軍基地問題。

「基地與國防（軍隊）的交換」本身也存有其他問題，即日美關係是否平等。日美安保體制的概念是「日本若遭受攻擊則由美國防衛；但美國若遭受攻擊則日本無須協防。由於這將使得美軍負擔過多義務，故由日本提供美國可用於戰略上的基地」。提供基地，也就是允許美國使用日本領土，這點具有重大意義，因而有人主張這確保了日美雙方平等地位，政府的官方解釋亦是如此。但日美雙方締結舊安保條約為臨時性質，並且如同這種臨時性所示，當初日本政府也強烈地意識到這點。此後重新簽訂的安保條約，從日方的角度修正了平等性問題，例如明確規定日本的防衛義務以及消除內亂條款等，戰後憲法體制與日美安保的關係才穩定下來。但即使是重簽後的安保條約，「基地與國防（軍隊）的交換」的基本性質亦無改變。一旦日本有事，犧牲本國年輕人來守衛日本的美國；以及允許美國使用土地的日本，雙方關係真的是平等的嗎？換句話說，從美國的角度來看日美安保，一直都具有不平等的問題。

在美國設有駐軍基地的國家中，日本提供最多「共情預算」，並且安於不平等地位協定，而沖繩又被批評為「軍事殖民地」；會落到這種狀況，安保條約的不平等性乃是其中一項重要原因。這個問題有一大部分來自於日本憲法的限制，也就是能否行使集體自衛權的問題。和日本同樣提供美軍駐軍基地的德國與義大利為「北大西洋公約組織」成員，雙方相互承諾行使集體自衛權並共同防禦。亦即，日本無法和德義兩國提供一樣的能力。這與德義兩國能和美國締結對等地位協議有關，我們最好先對此有所認知。有關《日美地位協定》，雖然也存有雙方法律體系不同等其他因素，但安保地位不平等性的問題也至為關鍵。這與日本是否該成為「普通國家」有著密切的關聯。此問題雖為攸關戰後日本這個國家的存在方式，但卻未獲充分討論遺留至今。此刻，應是予以認真研究之際。

話說日本一直以來大幅依賴日美安保體制，但隨著美國國力衰退，日本的角色也漸漸吃重。就日美防衛合作而言，分別於一九七八年、九七年以及二〇一五年發表《日美防衛合作指針》（簡稱《指針》），而日本的責任也隨之增加。二〇一五年的《指針》是以行使（有限的）集體自衛權做為前提，因此是比過去更進一步的日美合作。是故也產生了有可能被迫捲入美國的戰爭之批評。但是誠如本文所述，同盟有著「成為棄子的恐懼」與「被迫捲入事端」的兩面性。要避免被捲入不必要參與的戰爭，同時在國防上使盟國協防我國而不為其所拋棄，需要的是以高明政治判斷（稱為「賢慮」）為本的外交能力。

在現今的日本，媒體大肆報導被迫捲入美國的戰爭之危險性，另一方面，美國也有人擔心會被迫捲入日本的戰爭。也就是擔憂日中兩國因尖閣列島問題發生武力衝突，美國被迫參與其並不樂見的美中戰爭。美國雖然在各種場合指出中國的「威脅」，也持續對中國在南海蠻橫行動進行批判，但這不代表美國真的想與中國進行戰爭。當然，若中國以其實力破壞國際秩序的行動更加頻繁的話，美國必然對包含動用軍事力在內的應對策略有所研究。只是，像美國那樣的大國，事先想定最糟狀況並設定因應劇本乃理所當然之事，這並不能當作美國想與中國一戰的證據。

當然，日本與中國政府也不希望爆發戰爭。不過，也有人質疑中國政府對解放軍到底有多少控制能力，而且在國際政治上也是有可能發生偶然事件或預料外的發展。為了盡可能減低偶發事件的或然性，美國推行了各種國家安全政策；但美國無法控制日中兩國間的情勢，對捲入兩國紛爭仍有所顧忌。美國的真意是不願為了尖閣列島這個全是岩石的無人島，而犧牲本國年輕人的性命。

另一方面，日本無論如何都需要美國這個後盾，因此為了讓美國出面介入，亦不得不加深與美國的合作關係。而且中國解放軍實際上對美軍仍有顧忌，日美合作有益於加強對中國的遏止力，也能希冀以此抑制日中之間偶發的武力衝突。

因此，日美之間的防衛合作遂更加深化。但很遺憾的，國民卻對日美更深入合作有著強烈反對；這意味著國民對政府能否做出智慧的判斷，並在同盟困境中取得平衡一事是缺少信賴的。實際上，負責日美防衛合作實務的防衛官僚曾回憶：「日本的國家安全政策是配合國際情勢——特別是接受美國提供的戰略判斷——來做設想。」（柳澤協二，《亡國的安保政策》）。從這種狀況來看，也許有必要付出相當大的努力，來讓國民對日美防衛合作更有信心。因此應受質疑的，就是日本本身的民主主義了。

朝向軍文關係的新時代

防衛省的組織結構於二〇一五年大幅改革，日本戰後的軍文關係正面臨極大的變化；而此議題被埋沒於《安全法制》的討論聲浪中，並沒有引起太多關注。此次的改革是對「文官統治」進行修正，也就是放寬這個日本戰後軍文關係的特徵，使文官與制服組的關係更加平等。首先是內局改革，將實際的部隊運用業務交由統幕統一處理，並廢除「運用企劃局」。至於與部隊運用相關的法令企劃與擬定之職權，則移交至防衛政策局；並在該局內新成立戰略企劃課負責擬定戰略。此外也進行其他改組以配合新成立的「防衛裝備廳」。因此，防衛省將改組成如圖十六所示。

統合幕僚監部方面，除了前述由統幕統一執掌部隊運用相關業務外，也將過去統幕與內局雙方在有關部隊運用的對外說明與協調上重複的部分予以整合。做法是在統幕內設立「運用政策統籌官」以及輔佐統籌官的「運用政策官」，並由內局派出文官赴任，以此推進統幕與內局的一體性。其改組結果如圖十七所示。

除了以上防衛省、統幕的改組之外，其他的組織改革措施也包括新成立「防衛裝備廳」、在陸上自衛隊內部新成立「陸上總隊」處理與部隊運用有關事務等。這些象徵

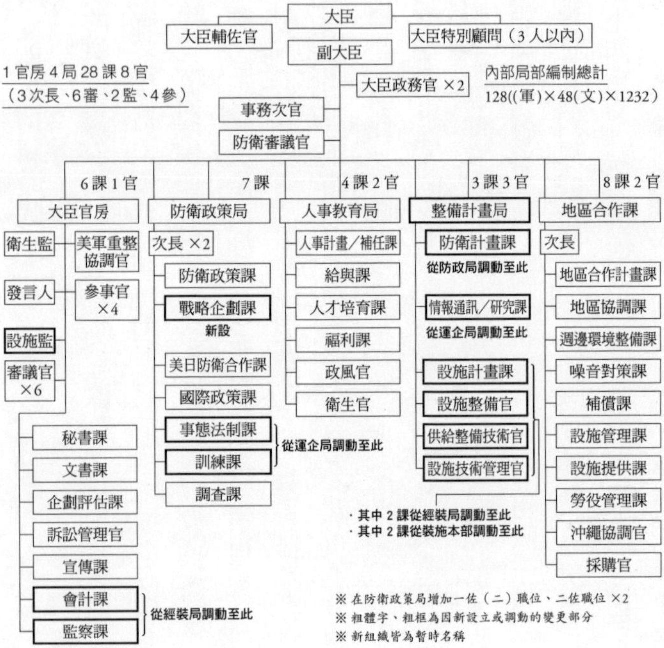

圖16　防衛省的組織改革（2015年）

強化統幕功能的改革，是為了應付現實上實際動用自衛隊的場合以及進一步加強與美軍的合作。為了和早已採行聯合作戰的美軍合作，自衛隊也需具備統合運用能力。另外，當自衛隊於各種場合行動時，仍須借重軍事專家的知識與經驗，因而有必要修正行之有年的「文官統治」。

只不過現實上，統合運用能做到什麼地步呢？即使是東日本大震災這種首次的大規模統合作戰也未能臻至完善。陸海空自衛隊之間，似乎仍存有一道厚實的大牆（火箱芳文，《即動必

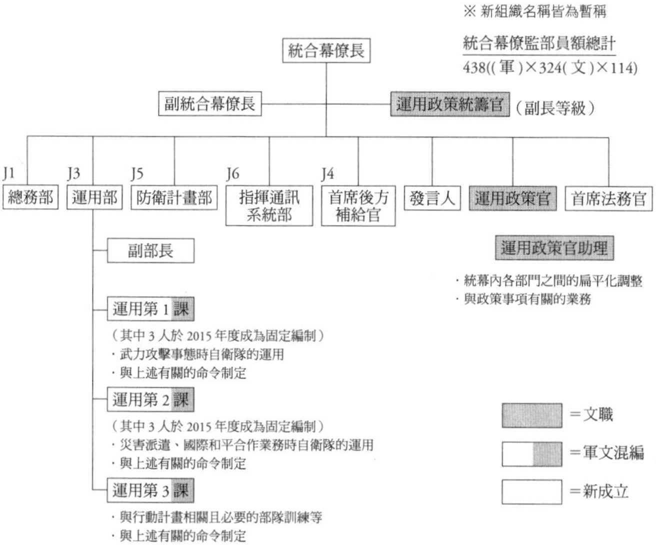

圖 17　統幕的組織重組

遂》）。

無論如何，戰後日本軍文關係的特徵——「文官統治」已大幅修正。自衛隊必須實際採取行動方能保家衛國，而修正「文官統治」便是為了因應這種現實上的要求。那麼，日本的「文人領軍」是否穩妥呢？就法制上來說應可擔保無虞。雖然放寬「文官統治」，但自衛隊的行動仍被施以諸多限制，且與他國相較起來亦屬嚴格。毋寧說文人領軍的問題關鍵在於政治責任。所謂「文人領軍」，是由人民選出的代表，也就是政治人物來下達國家安全的重要決策，軍隊則遵從政治人物的指揮。那麼，政治人物是否能夠每次都做出正確判斷呢？事實絕非如此。過去的研究也發現許多例子中，政治人物做出比軍方造成更多犧牲者的判斷，導致無謂的戰爭。

關鍵在於下達重要決策的政治人物是否負起責任。例如本書提及的「虛幻的治安出動」事件中，政治家的責任並未被追究，僅有第一線人員被強加究責。米格25投誠事件中，因未下達任何政治判斷的情況下，使得現場發生混亂。自衛隊的伊拉克派遣亦然，從派遣的法源《伊拉克復興支援特別措施法》於二〇〇三年七月通過以來，到十二月九日內閣決議通過基本計畫為止，很難說政府上下都履行了伴隨重大決策而來的責任；如一直在等待政府指示的防衛廳，對下達指示猶豫不決的首相官邸，以及不認同相關預算修正案的財務省。因此，使得當初運往伊拉克的陸自「HMV疾風式高機動車」防彈改裝未能及時完成。決策伴隨著責任，然而日本的現狀卻等同於在下達決策後卻事不關己地說：「未來會怎樣我不知道。」在這種情況下，我們並無法肯定地說日本的政治指導盡了其應盡的責任，不是嗎？因此最重要的，是政治指導所扮演的角色和責任。

自衛隊會成為「軍隊」嗎？

目前，軍事機構所扮演的角色正逐漸改變，已無法將其視為單純為了戰爭而存在的組織。當然，軍事機構畢竟仍是軍事組織，因此主要任務是與「敵」交戰，並據此裝備武器、組織與編制，同時也實施訓練。但最近有許多軍事組織從事各種非戰爭軍事行動，成為了用於建構和平狀態（並非「和平研究」的「積極和平」，而是沒有戰爭的和平狀態）的組織；這些活動不僅包括災害發生時的救援與支援，還有以聯合國維和行動為主的和平建構、信心建立措施等。如今，日本和平主義者特有的「軍隊＝戰爭」思維雖已少見卻仍存在，但也差不多該改變這種觀念了。

前面曾提過，軍文關係有「由軍隊主控國安」以及「由軍隊提供國安」兩個面向。戰後日本的國家安全制度是在強烈的「由軍隊提供國安」意識下設計的。其他國家都在致力於如何建構精強的軍事力量時，日本卻對自衛隊施以諸多限制，並曠日廢時地討論如何束縛自衛隊的行動、是否要限定自衛隊配有的裝備。面對在野黨提出限制自衛隊的要求，執政黨也因考量國會審議的順暢而傾向唯唯諾諾地概括承受。

由於冷戰結束後國際環境的變化，往後的年代成為了自衛隊能夠實際出動的時代。如此若過去施加在自衛隊身上的限制仍存在的話，將會漸漸地發現自衛隊無法充分地完成任務。目前，自衛隊的行動領域仍持續擴大，但從法律標準來看自衛隊仍非軍隊。不過，若將修憲的可能性納入考量，也就到了該討論自衛隊是否會成為軍隊的時候了。

處於這樣的時代變化中，也有論者指出自衛隊這個組織所面臨的各種問題。例如，自衛隊員的平均年齡在二〇〇八年的統計為三十五·一歲，比英國高出了五歲。國防經費中人事費用佔了約四成，由於隊員高齡化之故勢必得提高薪水支出。財務省就針對此點批判，認為若能降低隊員的平均年齡，也就能多少壓低些經費。這也許是從財政惡化的現況考量中所得出無可奈何的批判。但也有說法反駁，造成隊員高齡化的原因，是因為任務本身技術化、專門化，因而有了花費時間熟稔本職學能的必要。這說法也不無道理。考慮到未來如災害救援等需要重度勞力的任務將會擴大，加上日本處於少子高齡化時代，此問題雖不易找到解決良策，但適當的年齡組成確實是需要研究的課題。

另外，自衛隊也是一個龐大的官僚組織。幸運的是，它沒有經歷過實戰而安然度過了過往的歲月，但如今也許是考驗其真實價值的時代。舊帝國陸海軍，其精強雖為人所稱道，但卻因組織官僚化而暴露出如人事制度或垂直領導等許多弊端，使得其在許多方面都無法充分發揮功能。[1]自衛隊難道不會犯下與舊軍隊一樣的錯誤嗎？早在一九七〇年代起，那些長期採訪自衛隊的記者的報導就指出，自衛隊內部存在著那些只顧著注重上意的「比目魚」型幹部。[2]雖然愈是大型的組織就必然會伴隨著官僚化的弊病，但既然我們從自衛隊組織外部無法看出該如何減低官僚化弊病，那麼站在上位的內部人員就肩負著改革的重任。

無論如何，面臨預算縮減與組織縮編，另一方面任務又逐漸增加，外界認為自衛隊已來到了其架構的極限。在國家安全政策的轉變上，自衛隊又更進一步被賦予了極大的角色與期待。即使是現在的《安保法制》，在領海與領空警備與「灰色地帶行為」的應對上，仍有許多不足之處。自衛隊是否能夠實際地應付上述各種問題呢？對此實有儘

1 譯註：原文「縦割り行政」，意旨各行政單位只注重內務的上下關係，缺乏與其他單位的橫向聯繫。
2 譯註：比目魚的雙眼異於其他魚類，兩顆眼球並排於身體的同一側，此處用來比喻只注重上級意思的人。

速研究之必要。

今後該從國家安全的討論中追求何物？

且說戰爭結束七十年後，國家安全政策正處於轉換之際。在持有各種不同立場的人們所提的正反兩面看法中，屢屢指出應學習歷史的教訓。雖然我們知道立場不同，對歷史的看法也隨之有異，但對歷史最重要的一點認識就是，戰前的日本陷入孤立，並打算憑藉軍事力量蠻橫地塑造出符合自己利益的國際秩序，這種行為實乃錯誤。很可惜的是目前還是出現了試圖以實力改變現今國際秩序的強大國家，即俄羅斯與中國。雖然兩國並不會輕易地訴諸戰爭，與日本的經濟結合也逐漸加深，多數的日本人因討厭戰爭而鮮少意識到，若有必要的話，動用軍事能力也是國際政治的現實。為了防止這種事態，各國會增強本國的軍事力，也會持續進行多國間的防衛合作。而當前的日本也正試圖推行上述作為。

確實，如同「安全困境」所云，輕易地增強本國軍事力，將可能招致他國的不信任而陷入軍備競賽，加劇國際上的不穩定。為了不使情況至此，不只是軍事力，在各方面都必要的外交努力自不待言。這些雖是理所當然之事，但很可惜的是在日本一旦扯上軍事問題，就容易陷入一種極端的氛圍。在國會的辯論、新聞界甚至是學術界，情況都是如此。這也許是在長期持續的五五年體制時代中，沒有進行實際的國家安全政策討論所顯現出的弊端。

認知到當前國際秩序正面臨以實力威逼的改變後，重要的是去討論日本該做什麼、又能夠做什麼？這如同思考日本這個國家，在國際上應有的生存方式一般。於此之際，也許有必要採用「如何活用戰後日本所形塑出的『和平國家』形象」之觀點。但是，於戰後和平主義中宛如「寄木細工」[3]般組裝起來的國防相關法律體系，已無法應付不斷變動的國際情勢亦是事實。如同本書所提及的，國際和平支援行動如今已納入自衛隊法中所規定的任務，但現實上有許多情況卻是自衛隊無法從事的。東南亞各國對日本有著很大的寄望，為了回應這種期待，遂有必要改革各種法律制度。如今這個時期，已不可一味地持續討論那種宛如蛸壺、僅在日本國內通行的法律觀點。[4]由於事涉憲法，也為了珍惜立憲主義精神，故需一邊靈活運用憲法和平主義精神，一邊認真研議憲法是否有

3　譯註：寄木細工，日本傳統工藝的一種。以各種尺寸與顏色不同的木材組成實物的木工技術。
4　譯註：蛸壺，古代日本漁民用來捕捉章魚的器具。現雖少見但仍有漁民使用它來捕魚。

應該修正之處，不可繼續規避。

在此需先對「普通國家」這個問題作一番思考。時常有人說日本也應該成為「普通國家」，但所謂的「普通國家」並非單純地成為如同對伊拉克出兵的英美兩國。另外也有意見認為日本應該唯唯諾諾地聽從對美國的屬意，但這就等於不信任自己所選出的政府。所謂的大國，確實會有些自我中心的舉措，美國亦是如此。但就算能夠行使集體自衛權，決定要採取或不採取何種行動，乃是主權國家自己可以選擇的。實際上，也有如德國一樣以後方支援為中心，不直接動用武力的軍事合作案例。重要的是，必須理解國際社會上的軍事常識後，再行商討日本行使集體自衛權之時所要採取的行動。在日本國內有關軍事的討論是日本特有產物，很多都無法通用於國際社會。我們正身處應以國際協調為目標、對軍事議題進行建設性討論的時期，而非那些只在日本國內才具意義的討論。

話說警察預備隊成立之時，也曾被批為「稅金小偷」；一九六〇年代也有某些自治體對自衛隊以及其家庭成員進行可說是侵害人權的歧視行為。與那些時代相較，如今在國民之間自衛隊的好感度遠遠高出以往，也被賦予很大的期待。現在，人們也會公開談論軍事話題，讓人難以置信過去曾有段視軍事為禁忌的年代。不過有個令人擔心的風潮，就是軍事相關知識普及，人們雖不排斥軍事議題，但卻稍微把事情想得太簡單了。軍事並非只靠武器的型錄與數據就能判斷；武器本身也不會完全依照型錄上的說明而動作。實戰與電玩不同，執行不順利時無法跳出遊戲從頭再來。這不是在否定軍事，而是在討論軍事時不應帶有過份的期待。

日本的防衛政策，「專守防衛」也好，最近提倡的「離島防衛」也好，都是一種政治口號；實際的內容仍然曖昧不清，或者就算理解了也有許多地方無法實現。我們應再次檢驗這些口號。而最重要的是，動用自衛隊乃是政治指導的責任，而且選出這些政治人物的乃是國民本身。請容我再說一次，於此防衛政策轉變之際，我們應去責問日本的民主政治。更深一層來說，即是日本全體國民是否能將國家安全視為自身問題並加以思考，以及該如何繼續思考日本這個國家應有的存在方式。

後記

在歷史學或政治學中，有對日本戰前戰後的中斷性與連續性之討論。經濟學上也有如「一九四〇年體制」那樣的看法，重視與戰前的連續性。[1]關於這方面，就國家安全政策而言，戰前與戰後的中斷性相當明顯。乃因日本從軍方擁有絕對權力的體制，轉向誓言放棄戰爭、不保持戰力的體制。日中戰爭爆發後，人們稱揚軍國主義；戰後又為之一變成為否定軍事的社會。至少到冷戰結束前後，在學術界要直接討論自衛隊仍然相當困難。筆者以前曾使用過「軍事合理性」一詞而遭到學會期刊的批判；但如今狀況大有改變，現在已是年輕研究人員可以堂堂正正直接討論自衛隊的時代了。

過去受盡「稅金小偷」、「訓練殺人技術」等批評的自衛隊，如今已為國民所接受，並深受信賴。最大的轉變是，自衛隊實際執行任務的機會增加許多。因此，防衛省與自衛隊也正在進行大幅的變革。日本的國家安全政策體制本身，可說是身處於極大的變革時期。但是，若去審視目前的國家安全政策辯論，仍然存有彷彿遺傳自冷戰時代、或是為了辯論而辯論的討論。另外，隨著自衛隊的任務增加，儘管已有了各式各樣的討論，但有許多仍未能實現。而且，我們也看到有些主張對於不同的看法不但不寬以待之，甚至還想將其排除在外；對此，應該有許多人深感遺憾吧！

能夠在如此重要的國家安全政策轉變期出版這本書，對筆者來說深感慶幸。本書是以筆者過去所出版的與防衛廳（省）、自衛隊相關之著作為基礎，再加上近來的議題新撰而成。若能對於目前正在推動、與國家安全政策相關討論有所助益，身為作者自然喜出望外。

本書是經筑摩書房新書編輯部的松田健先生邀稿而撰寫。從本書整體的結構提案階段起，松田先生就很親切地給予建議。透過其寬容卻又適時督促的絕佳手腕，終能將本書付梓，對此本人由衷感謝。

另外，雖然應將過去曾經指導我研究的老師，以及曾關照過我的人們一一舉出，但由於人數實在太多，故請容許我在此承諾將繼續鑽研深究，以求各位能原諒此次失

1 譯註：日本學者野口悠紀雄的主張。一九四〇年體制意指一九四〇年日本處於戰爭時期所形成，有關經濟、企業、勞資關係等的體制。野口認為日本一九九〇年後陷入長期經濟停滯的原因在於，如一九四〇年體制缺乏效率之故。

禮。

最後，對於妻子與兒女總是能夠親切守候我這位老是不定時回家，就算在家也坐不住的丈夫、父親，以及生活在故鄉的母親，我要由衷地表達內心的感謝。

二〇一五年 伏案國會聆聽安保法制的討論

佐道明廣

- 『サンフランシスコ平和条約・日米安保条約』（シリーズ戦後史の証言占領と講和 7）中公文庫、一九九九
- 林修三『法制局長官生活の思い出』財政経済弘報社、一九六六（*）
- 船田中『激動の政治十年―議長席からみる』一新会、一九七三
- 『至誠動天　保科善四郎白寿記念誌』河村幸一郎編、保科善四郎先生の白寿を祝う会発行、一九八九
- 宮沢喜一『東京―ワシントンの密談』実業之日本社、一九五六（一九九九年由中公文庫再版）

防衛省（廳）與自衛隊相關人士的著作

- 大賀良平『シーレーンの秘密―米ソ戦略のはざまで』潮文社、一九八三
- 大賀良平、竹田五郎、永野茂門『日米共同作戦―日米対ソ連の戦い』麹町書房、一九八二
- 太田述正『防衛庁再生宣言』日本評論社、二〇〇一
- 大森敬治『我が国の国防戦略』内外出版、二〇〇九
- 折木良一『国を守る責任―自衛隊元最高幹部は語る』PHP 新書、二〇一五
- 海原治『私の国防白書』時事通信社、一九七五
- 加藤陽三『私録・自衛隊史―警察予備隊から今日まで』「月刊政策」政治月報社、一九七九
- 『久保卓也　遺稿・追悼集』編集発行＝久保卓也遺稿・追悼集刊行会、一九八一
- 佐々淳行『ポリティコ・ミリタリーのすすめ―日本の安全保障行政の現場から』都市出版、一九九四
- 佐藤守男『警察予備隊と再軍備への道―第一期生が見た組織の実像』芙蓉書房出版、二〇一五
- 杉田一次『忘れられている安全保障』時事通信社、一九六七
- 塚本勝一『自衛隊の情報戦―陸幕第二部長の回想』草思社、二〇〇八
- 火箱芳文『即動必遂』マネジメント社、二〇一五
- 冨澤暉『逆説の軍事論』バジリコ、二〇一五
- 夏川和也・山下輝男『岐路に立つ自衛隊―戦後の変遷から未来を占う』文芸社、二〇一五
- 守屋武昌『日本防衛秘録』新潮社、二〇一三（*）
- 柳澤協二『亡国の安保政策―安倍政権と「積極的平和主義」の罠』岩波書店、二〇一四（*）

- 豊下楢彦編『安保条約の論理—その生成と展開』
- 中島信吾『戦後日本の防衛政策—「吉田路線」をめぐる政治・外交・軍事』慶應義塾大学出版会、二〇〇六
- 西田博編『警察予備隊の回顧—自衛隊の夜明け』新風社、二〇〇三
- 日本政治学会編『年報政治学一九九七　危機の日本外交—七〇年代』岩波書店、一九九七
- 秦郁彦『史録　日本再軍備』文藝春秋、一九七六
- 原彬久『戦後日本と国際政治—安保改定の政治力学』中央公論社、一九八八
- 廣瀬哲男『自衛隊は何をしてきたのか？—わが国軍の 40 年』筑摩書房、一九九〇（一九九四年，由ちくま學藝文庫更名『自衛隊の歷史』再版）
- 増田弘『自衛隊の誕生—日本の再軍備とアメリカ』中公新書、二〇〇四
- 三宅正樹『政軍関係研究』芦書房、二〇〇一
- 三宅正樹編集代表『戦後世界と日本再軍備』「昭和史の軍部と政治第五巻」、第一法規出版、一九八三
- 吉田真吾『日米同盟の制度化—発展と深化の歴史過程』名古屋大学出版会、二〇一二
- 読売新聞戦後史班編『「再軍備」の軌跡昭和戦後史』読売新聞社、一九八一（二〇一五年由中公文庫再版）

外國人的著作（特別是對本議題有裨益之作）

- ジェームズ・アワー『よみがえる日本海軍—海上自衛隊の創設・現状・問題点』上・下、妹尾作太男訳、時事通信社、一九七二
- F・コワルスキー『日本再軍備—私は日本を再武装した』勝山金次郎訳、サイマル出版会、一九六九
- リチャード・サミュエルズ『日本防衛の大戦略—富国強兵からゴルディロックス・コンセンサスまで』白石隆監訳、中西真雄美訳、日本経済新聞出版社、二〇〇九

政治家、官僚等的著作與回憶錄

- 赤城宗徳『今だからいう』文化総合出版、一九七三
- 大久保武雄『海鳴りの日々』海洋問題研究会、一九七八
- 大村讓治『回顧と展望』コスモ出版、一九九三
- 小里貞利『震災大臣特命室』読売新聞社、一九九五（*）
- 坂田道太『小さくても大きな役割』朝雲新聞社、一九七七
- 中曽根康弘『天地有情五十年の戦後政治を語る』インタビュー：伊藤隆・佐藤誠三郎、文藝春秋、一九九六 西村熊雄

一九八二（*）
- 遠藤誠治編『日米安保と自衛隊』岩波書店、二〇一五
- 大嶽秀夫『再軍備とナショナリズム』中公新書、一九八八
- 大嶽秀夫『日本の防衛と国内政治』三一書房、一九八三
- 大月信次、本田優『日米 FSX 戦争－日米同盟を揺がす技術摩擦』創論社、一九九一
- 小川和久『戦艦ミズーリの長い影―検証・自衛隊の欠陥兵器』文藝春秋、一九八七
- 上西朗夫『GNP1％枠－防衛政策の検証』角川文庫、一九八六
- 草地貞吾・坂口義弘「自衛隊史」編さん委員会編著『自衛隊史』日本防衛調査協会、一九八四
- 近代日本研究会編『協調政策の限界－日米関係史一九〇五～一九六〇』年報・近代日本研究十一、山川出版社、一九八九
- 楠綾子『吉田茂と安全保障政策の形成』ミネルヴァ書房、二〇〇九
- 坂元一哉『日米同盟の絆―安保条約と相互性の模索』有斐閣、二〇〇〇
- 桜林美佐『誰も語らなかった防衛産業』並木書房、二〇一〇
- 佐瀬稔『自衛隊の三十年戦争』講談社、一九八〇年（*）
- 佐道明広『戦後日本の防衛と政治』吉川弘文館、二〇〇四
- 佐道明広『戦後政治と自衛隊』吉川弘文館、二〇〇六
- 佐道明広『自衛隊史論－政・官・軍・民の六〇年』吉川弘文館、二〇一四
- 自衛隊を活かす会編著『新・自衛隊論』講談社現代新書、二〇一五
- 柴山太『日本再軍備への道―一九四五～一九五四年』ミネルヴァ書房、二〇一〇
- 庄司貴由『自衛隊海外派遣と日本外交―冷戦後における人的貢献の模索』日本経済評論社、二〇一五
- 外岡秀俊・本田優・三浦俊章、『日米同盟半世紀―安保と密約』朝日新聞社、二〇〇一
- 瀧野隆浩『出動せず―自衛隊六〇年の苦悩と集団的自衛権』ポプラ社、二〇一四
- 田中明彦『安全保障―戦後五〇年の模索』読売新聞社、一九九七
- 田村重信編著『防衛省誕生―その意義と歴史』内外出版、二〇〇七
- 中馬清福『再軍備の政治学』知識社、一九八五
- 手嶋龍一『ニッポン FSX を撃て―日米冷戦への導火線新・ゼロ戦の計画』新潮社、一九九一
- 手塚正己『凌ぐ波濤　海上自衛隊をつくった男たち』太田出版、二〇一〇
- 堂場肇『日本の軍事力―自衛隊の内幕』読売新聞社、一九六三

- 『宝珠山昇　元防衛施設庁長官』上・下、二〇〇五（*）
- 『大賀良平　元海上幕僚長』上・下、二〇〇五
- 『小田村四郎　元行政管理事務次官』二〇〇四
- 『栗山尚一　元外務次官・駐米大使』二〇〇五（*）
- 『吉元政矩元沖縄県副知事オーラルヒストリー』二〇〇五（*）
- 『塩田章　元国防会議事務局長』近代日本史料研究会※、二〇〇六
- 『佐久間一　元統合幕僚会議議長』上・下、近代日本史料研究会※　二〇〇七

防衛研究所

- 『中村悌次　元海上幕僚長』上・下、二〇〇六
- 『佐久間一 元統合幕僚会議議長』上・下、二〇〇七
- 『中村龍平　元統合幕僚会議議長』二〇〇八
- 『内海倫　元防衛事務次官』二〇〇八
- 『山田良市　元航空幕僚長』二〇〇九
- 『西元徹也　元統合幕僚会議議長』上・下、二〇一〇
- 『鈴木昭雄　元航空幕僚長』二〇一一
- 『冷戦期の防衛力整備と同盟政策①～⑤』玉木清司、竹田五郎、吉田撃、堀江正夫、森繁弘、源川幸夫、石津節正、吉川圭祐、村松栄一、寺島泰三、三井康有、山口利勝、日置昌宏（①二〇一二、②二〇一三、③二〇一四、④⑤は二〇一五）

5 典類

- 『新版日本外交史辞典』山川出版社、一九九二（*）
- 『現代安全保障用語事典』信山社出版、二〇〇四

6 單行本（以作者姓名五十音排序）

研究者與記者所著

- 阿川尚之『海の友情─米国海軍と海上自衛隊』中公新書、二〇〇一
- 明田川融『日米行政協定の政治史－日米地位協定研究序説』法政大学出版局、一九九九
- 五百旗頭真『占領期─首相たちの新日本』読売新聞社、一九九七（二〇〇七年由講談社學術文庫再版）（*）
- 植村秀樹『再軍備と五五年体制』木鐸社、一九九五
- NHK 報道局「自衛隊」取材班『海上自衛隊はこうして生まれた─「Y 文書」が明かす創設の秘密』NHK 出版、二〇〇三
- NHK 放送世論調査所編『図説戦後世論史』第二版、NHK ブックス、

參考文獻

※與自衛隊和防衛政策歷史有關的文獻數量龐大。在此我不以研究人員為主，而是以有助於一般讀者以及今後有意深究本議題的學生為首要考量，選擇與介紹容易購得或只能取得二手書的必讀文獻。不過，涉及所有國家安全、當前的國際情勢分析、軍事問題、法律問題的文獻則不在此限。這份清單只列出日語文獻，學術論文則予以割愛。曾於本文引用的文獻，加上（*）以示之。

1 **政府機構**（防衛省以及相干機所發行的資料）

- 各年度的『防衛白書』均可在防衛省網頁（以下稱 HP）查閱。
- 各年度的『防衛年鑑』、防衛年鑑刊行会
- 各年度的『アジアの安全保障』、平和安全保障研究所
- 各年度的『東ァジァ戦略概観』、防衛省防衛研究所

2 **報告書等資料**

- 「総合安全保障研究グループ報告書」東京大学東洋文化研究所 HP(*)
- 「『統合運用に関する検討』成果報告書」統合幕僚会議（*）〔過去可在防衛省網頁查閱，但現今已無法點閱〕
- 「安全保障の法的基盤の再構築に関する懇談会」報告書（総理官邸 HP）

3 **資料集**

- 『戦後日本防衛問題資料集』大獄秀夫編・解説、三一書房、全三巻、一九九一～九三
- 『日本現代史資料日米安保条約体制史国会論議と関係資料』末川博・家永三郎監修、吉原公一郎、久保綾三編、三省堂、全四巻、一九七〇～七一

4 **口述歷史**（政策研究大學院大學〔政策研究院〕與防衛研究所進行的調查、出版的資料）

政策研究院（政策研究院的專案已於二〇〇五年終止，改由「近代日本史料研究會」接手發行）

- 『海原治　元内閣国防会議事務局長』上・下、二〇〇一（*）
- 『伊藤圭一　元内閣国防会議事務局長』上・下、二〇〇三
- 『夏目晴雄　元防衛事務次官』二〇〇四

自衛隊史：日本防衛政策七十年

自衛隊史：防衛政策の七〇年

作者｜佐道 明廣（佐道 明広）　譯者｜趙翊達
總編輯｜富察　責任編輯｜區肇威　校對｜謝仲平　企劃｜蔡慧華
封面設計｜吳宗恒　內頁排版｜宸遠彩藝

社長｜郭重興　發行人兼出版總監｜曾大福
出版發行｜八旗文化／遠足文化事業股份有限公司
地址：新北市新店區民權路 108-2 號 9 樓　電話｜02-22181417
傳真｜02-86671065　客服專線｜0800-221029　信箱｜gusa0601@gmail.com
Facebook｜facebook.com/gusapublishing　Blog｜gusapublishing.blogspot.com

法律顧問｜華洋法律事務所／蘇文生律師　印刷｜成陽印刷股份有限公司

出版｜2017 年 1 月／初版一刷
定價｜360 元

JIEITAISHI BOUEISEISAKU NO 70 NEN

Originally published in Japan in 2015 by Chikumashobo Ltd.
Chinese translation rights arranged through TOHAN CORPORATION, TOKYO.
and Power of Content Ltd.

國 家 圖 書 館 出 版 品 預 行 編 目（CIP） 資 料

自衛隊史：日本防衛政策七十年 / 佐道明廣著；趙翊達譯.
-- 初版 . -- 新北市：八旗文化，遠足文化，2017.01
304 面；13×19 公分
譯自：自衛隊史：防衛政策の七〇年
ISBN／978-986-93844-1-4（平裝）

599.931　　105020721